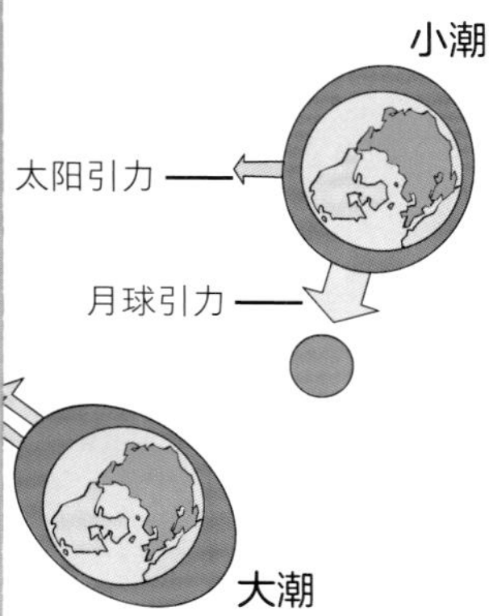

系统称之为地月系。地月共同
的方向与地球自转的方向相同，

日全食，潮汐加速度使
球。99% 的物种灭绝

地球平均温度达 146.5℃，最后残留的生命形式灭绝

16亿年后

28亿年后

40亿年后

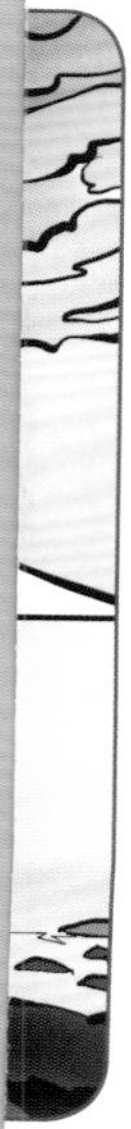

火星接近宜居带

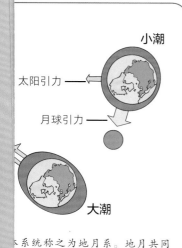

相邻星系在引力
至合并为一的可能性
碰撞，形成椭圆星系。

银河系和仙女
银河仙女星系

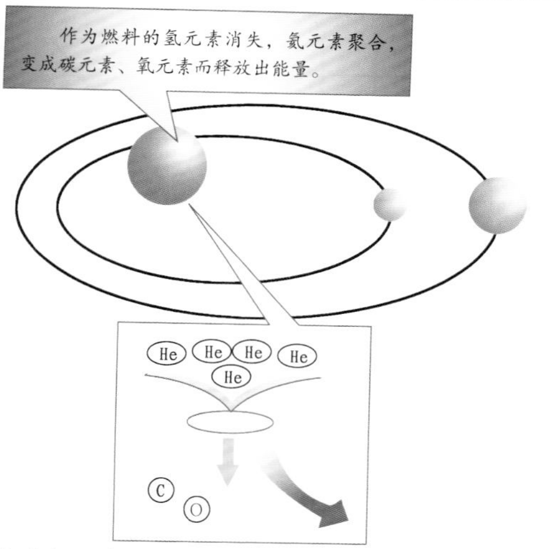

这时太阳外侧会膨胀，并可能将水星、金星吞并。
日表面温度下降变成红色，称这个阶段为红巨星。

太阳耗尽氢燃料，开始演化成红巨星

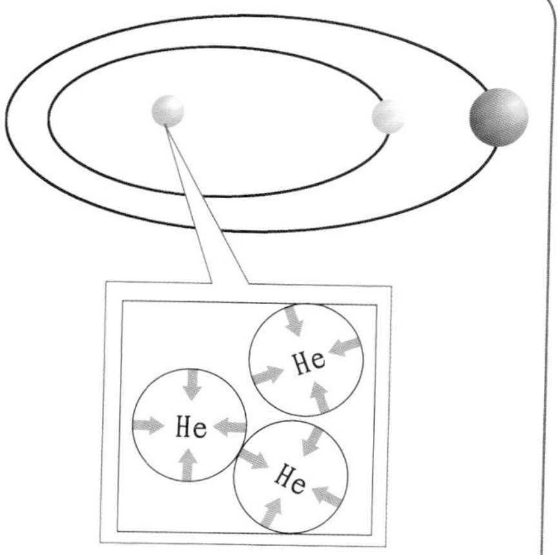

太阳外侧的部分逃离，太阳质量减少。太阳中心部分的温度不升高，不能释放出能量，太阳渐渐冷却下来。

太阳演变成白矮星

50亿年后　79亿年后　80亿年后

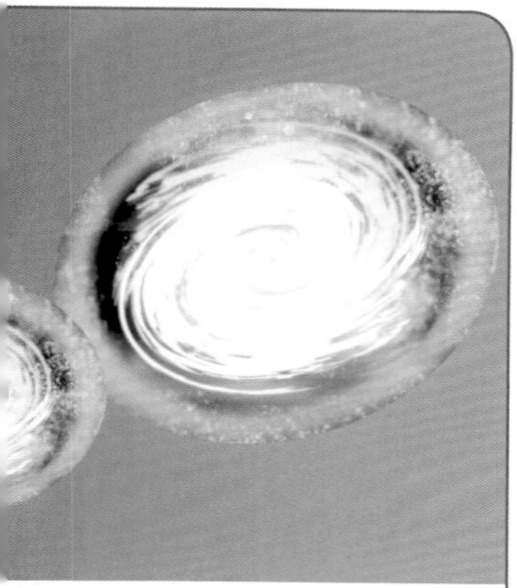

用下彼此靠近，产生潮汐形变甚
就高得多，最终可能发生星系大

碰撞形成新的星系：

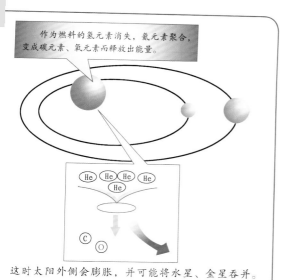

太阳体积达最大值，水星和金星蒸发
（地球可能也会蒸发）

图解
宇宙简史

与霍金一起探索宇宙的起源和命运

王宇琨　董志道 / 编著

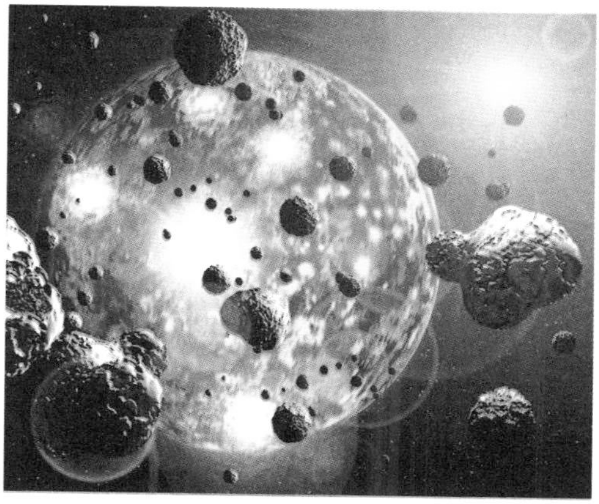

天津出版传媒集团
天津人民出版社

图书在版编目（CIP）数据

图解宇宙简史 / 王宇琨，董志道编著 . -- 天津 :
天津人民出版社，2019.1（2021.2 重印）
ISBN 978-7-201-14018-6

Ⅰ . ①图… Ⅱ . ①王… ②董… Ⅲ . ①宇宙－图解
Ⅳ . ① P159-64

中国版本图书馆 CIP 数据核字 (2018) 第 278326 号

图解宇宙简史
TUJIE YUZHOU JIANSHI

出　　版　天津人民出版社
出 版 人　刘　庆
地　　址　天津市和平区西康路 35 号康岳大厦
邮政编码　300051
邮购电话　（022）23332469
电子信箱　reader@tjrmcbs.com

责任编辑　玮丽斯
监　　制　黄　利　万　夏
营销支持　曹莉丽
装帧设计　紫图装帧

制版印刷　艺堂印刷（天津）有限公司
经　　销　新华书店
开　　本　787 毫米 ×1092 毫米　1/16
印　　张　14
字　　数　130 千字
版次印次　2019 年 1 月第 1 版　2021 年 2 月第 4 次印刷
定　　价　49.90 元

目录

第一章　经典宇宙观

第二章　宇宙在膨胀

第三章　黑洞

第四章　宇宙的起源与归宿

第五章 认识我们的星系

第六章　时间箭头

阅读导航

本节主标题

本节所要探讨的主题

章节序号

本书每章节分别采用不同色块标识，以利于读者寻找识别。同时用醒目的序号提示该文在本章下的排列序号。

正文

通俗易懂的文字，让读者轻松阅读。

图解宇宙简史

3

第一次解析宇宙结构

古希腊的宇宙观

古希腊人最先把对宇宙的认识上升到对宇宙结构的解析上。人类历史上第一次基于实际观测而非宗教或神话角度对宇宙进行解析开始了。

阿那克西曼德的“天球”

古希腊哲学家阿那克西曼德（约公元前610—前546）是第一位解释宇宙结构的人。尽管阿那克西曼德是一位玄学家而非科学家，但是他的观点是基于实际观测的结果而非神话故事。自此，人类开始力图建立一个统一的宇宙模型去解释天体的复杂运动。

阿那克西曼德在解释宇宙的时候采取了三个非常重要的步骤，为在他之后的所有观点奠定了基础：天体（恒星、行星、月亮）沿整圆旋转，时而从地球下方穿过，时而又从上方穿出；地球在太空中无支撑地飘浮着；天体占据了环绕地球的球面，但它们并不都位于同一个球面上——它们在以地球为中心的多个同心球面上。阿那克西曼德认为地球是一个厚盘形，它的直径是厚度的3倍，而我们则生活在盘子的上表面。他解释地球之所以没有从太空中坠落是由于其处于宇宙的中心，受到各个方向的压力相等，使其能够保持平衡。

泰勒斯与毕达哥拉斯宇宙模型与学说

泰勒斯是公元前7世纪古希腊著名的自然科学家和哲学家，是“希腊七贤”之一。他的门生阿那克西曼德绘制了世界上第一张全球地图。

泰勒斯认为，天空是一个完整的球体，而不是悬在大地上方的半球拱形；天空围绕着北极星运转，而地球则是一个自由浮动的圆柱体，人类处于圆柱体的平坦的一端，而人类的世界只是无数世界中的一个；在大地的周围环绕着空气天、恒星天、月亮天、行星天和太阳天等。

以发现勾股定理而闻名于世的古希腊数学家毕达哥拉斯提出了地球是球形的理论。他认为，地球是球形自转的天体，太阳、月亮、行星等天体的运动都是均匀的圆周运动。

006

图解标题

针对内文所探讨的重点图解分析，帮助读者深入领悟。

古希腊的宇宙观

对于古代人来说，日月星辰的运转、宇宙的变化直接关系到他们的生产和生活。古希腊哲学家们对宇宙的认知以及他们的天文学思想，对后世影响深远。人类探索宇宙也从玄学或神话故事向实际观测出发。

阿那克西曼德的天球观

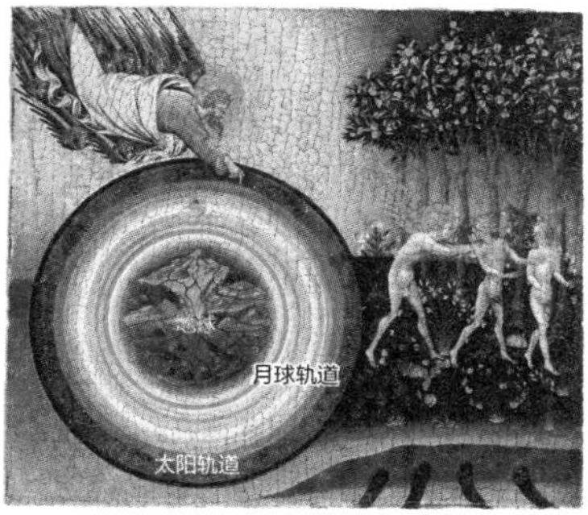

在阿那克西曼德的模型中，恒星所在的轨道面最接近地球，接着是月亮的轨道面，而太阳离地球最远。而在大约250—300年之后，萨摩斯的阿里斯塔克斯（约公元前310—前230）提出太阳才是宇宙的中心，而非地球。他同样采用了同心圆或同心球面作为天体的运行轨道。

泰勒斯与毕达哥拉斯的宇宙模型

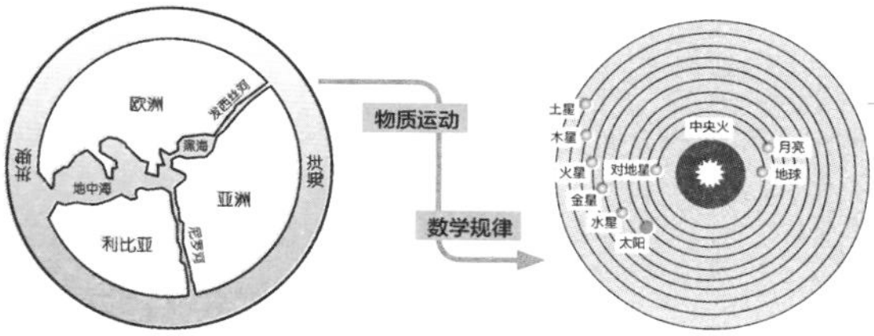

对泰勒斯来说，水是世界初始的基本元素，地球就漂在水上，海水在世界的尽头落入地狱之中。

毕达哥拉斯认为地球围绕中央火转动，对地星与之平衡。10个天体到中央火的距离，与音节的音程具有同比关系，保证星球的和谐，奏出天体的音乐。

插图

将难懂的抽象概念运用具象图画表示，让读者可以尽量形象直观地理解原意。

图表

将隐晦、生涩的叙述，以清楚的图表方式呈现。此方式是本书的精华所在。

资料卡

对术语、理论等做出明确解释，清晰易懂。

第一章

经典宇宙观

在人类数千年的文化长河中，人类从未停止对宇宙结构和演化的探索，古圣先贤们提出过各种各样的宇宙模型。从中世纪的地心说到哥白尼提出的日心说，再到万有引力以及经典宇宙学，知识前进的每一步都荆棘满布，有时为了更进一步的认识甚至需要付出生命的代价。

本章关键词

亚里士多德　宇宙的开端　万有引力　日心说

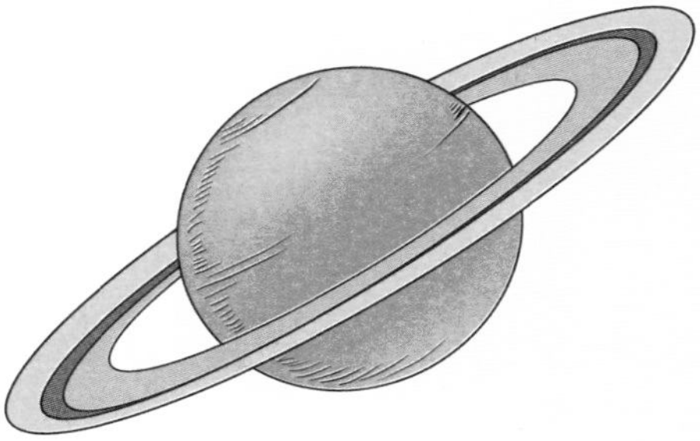

没有一个人能全面把握真理。

——亚里士多德

◇ 图版目录 ◇

与生产生活休戚相关

古代天文学的雏形诞生

四方上下曰宇，古往今来曰宙，以喻天地。宇宙：即空间与时间的总称，也是空间与时间的统一。因为古代先民出于掌握植物（农作物等）生长规律的需要，对时间与季节的记录，让古代天文学就此产生。

两河流域的美索不达米亚天文学

人类最早的宇宙观因为受到自身居住环境的局限，也局限于地球之上，从而把高山大海当作宇宙的尽头。古代美索不达米亚人就认为，高山围着大地，天空悬在高山之上。每天太阳横穿过天空，然后潜入地下隧道，到第二天再一次从东方升起。

“美索不达米亚”，是古希腊对“两河流域”的称谓，意为“两条河流之间的地方”，这两条河指的是幼发拉底河和底格里斯河。美索不达米亚文明是人类最古老的文化摇篮之一，灌溉农业为其文化发展的主要基础。掌握植物生长规律，就需要记录时间和季节，古代天文学雏形也就此产生。

黄道与历法的产生

虽然人类活动范围有限导致认知局限，但早期天文学的发展，并不意味着古代人对宇宙的认识是一味落后无知的，相反，古代美索不达米亚人拥有着极为发达的天文学。美索不达米亚的天文学家能够分析太阳运动、恒星和行星的位置，这说明他们已经把行星和恒星区别开来，并取得了相当精确的行星运行数据。

根据这些数据，他们制定了一套历法，他们记载下来的行星会合周期相对误差都在 1% 以下，因此这些天文学家可以确认日食的频率，并且能够预测月食。在古代的美索不达米亚，天文学（自然科学）和占星术（使用恒星占卜）几乎是同一套知识体系。文艺复兴后，这两个领域才在西方社会中逐渐分开。

另外，古代两河流域的人已经知道了黄道，并把黄道带划分为十二个星座，每个星座都按神话中的神或动物命名。这套符号一直沿用至今，也就是所谓的黄道十二宫。

古代文明中的天文学

对于古代人来说，日月星辰的运转、宇宙的变化直接关系到他们的生产和生活。这也促使他们更加注重对于宇宙的观测和探索。从这一点上看，古代人比现代人更贴近宇宙。

农业依赖天文学

狩猎采集社会中，人类从偶然发现某些野生的谷物可以吃，逐步发展到有意识地收集并加以培育，人类逐渐进入农耕社会。

美索不达米亚原始农业壁画显示，苏美尔人已经开始种植大麦、小麦、洋葱、鹰嘴豆、芜菁、韭菜等作物，大麦和小麦是主要粮食，人类开始愈发依赖天文学对原始农业的支持。

黄道十二宫

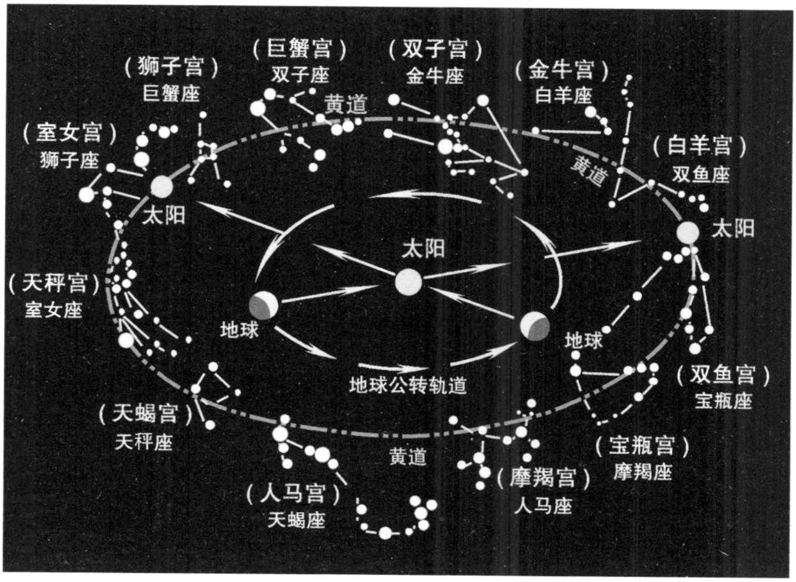

天文学上把太阳在天球背景下所走的路径，叫作黄道。古代两河流域的人已经知道了黄道，并把黄道带划分为十二个星座，从春分点开始，每月对应一个星座。

从关注宇宙到服务生产

日历与预测的产生

天文学的诞生是历史发展的必然。5000年前，埃及人制定了一个基于太阳活动周期的日历，帮助他们确定播种、种植、收获的日期，并且还与尼罗河三角洲被淹没的时间关联起来。日历与预测开始服务于人类。

古埃及更为先进的天文学

在古埃及，人们很早就意识到了季节的变换。与美索不达米亚人依赖气候变化，发明占星术作为“预测”和改善其环境来维持生计的方式不同，古埃及人不仅早已掌握了预报日食和月食的方法，还有专门的人负责对天象的观测，并且根据星座的运行制定了历法。

古埃及人发现，每当天狼星于日出前升起在东方地平线上，即所谓的“偕日升”，之后再过两个月，尼罗河就会泛滥。尼罗河水的这种周期性泛滥，使古埃及人产生了“季节”的概念。他们把天狼星在日出前升起的时刻定为一年的开始。开始的四个月正是尼罗河水泛滥之时，叫作泛滥季；之后的四个月定为恢复期；最后的四个月定为旱期，也是农作物收获期。

经过长期的观测，公元前4000多年，古埃及人把一年定为365日。这就是现今阳历的来源。

玛雅天文学

中美洲地区的天文知识非常先进，令人惊讶。早在哥伦布发现美洲大陆之前，这里的人类就已取得了惊人的成就。玛雅文明在科学、农业、文化、艺术等诸多方面，都作出了极为重要的贡献。相比而言，西半球这块大地上诞生的另外两大文明——阿兹台克文明和印加文明，与玛雅文明都不可同日而语。

玛雅文明中的祭司十分了解星辰的运动，并可以预测月食和金星运行轨迹。他们所创造的日历也相当准确。

天文学的进步与谜团

古埃及人学会了把天体运行规律和季节物候联系在一起来指导农业生产，形成了包含有若干朴素唯物主义色彩的宇宙观，如金字塔——将天文学和建筑学紧密地联系在一起。无独有偶，玛雅文明则产生了更让人称奇的宇宙科学。

古埃及的农耕生产与周期历法

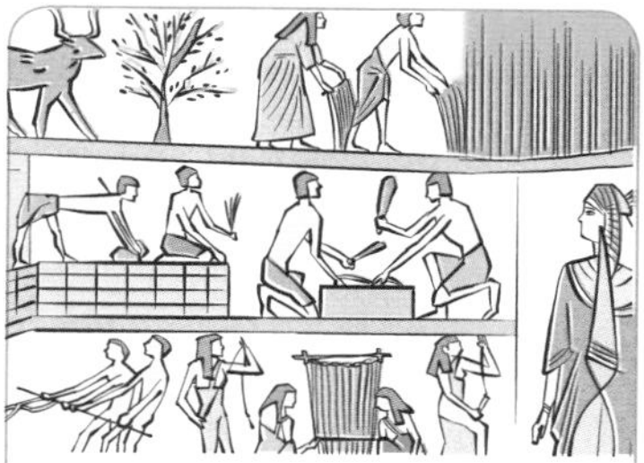

古埃及人的主要粮食作物是大麦和小麦。由于农业生产的需要，早在公元前4000年前，古埃及人就已开始测算尼罗河水涨落的时间和观察天象。

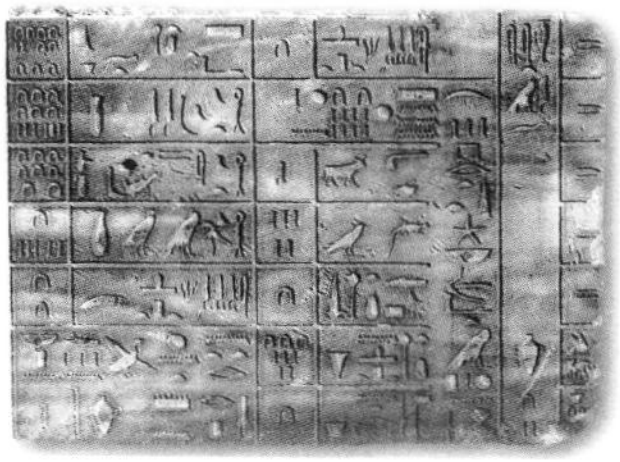

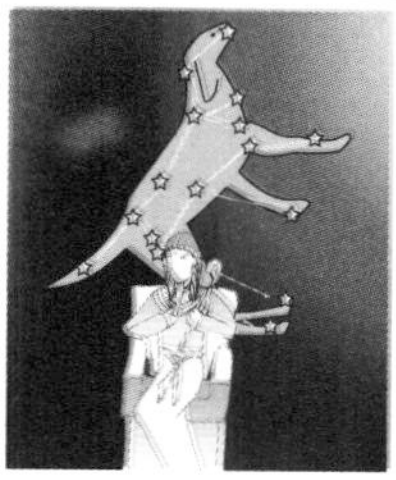

这块图特摩斯一世时的记事板，记述了当天狼星在地平线上升起的那天，即夏季第三个月的第28天，便是一年一度的祭祀日。古埃及人发现每当天狼星与太阳同时出现在东方地平线上的时候，尼罗河水上涨的潮头总是到达孟斐斯城附近。于是世界上第一部相当精确的历法——天狼星周期历法便产生了，这个周期为365.25日。

神奇数字365

在墨西哥维拉克鲁斯发现的壁龛式金字塔，塔身雕凿了365个方形壁龛，恰好每个代表一天。

奇琴伊察的玛雅文明金字塔，台阶被设计成365个，与一年的天数相同。

3

第一次解析宇宙结构

古希腊的宇宙观

古希腊人最先把对宇宙的认识上升到对宇宙结构的解析上。人类历史上第一次基于实际观测而非宗教或神话角度对宇宙进行解析开始了。

阿那克西曼德的“天球”

古希腊哲学家阿那克西曼德（约公元前610—前546）是第一位解释宇宙结构的人。尽管阿那克西曼德是一位玄学家而非科学家，但是他的观点是基于实际观测的结果而非神话故事。自此，人类开始力图建立一个统一的宇宙模型去解释天体的复杂运动。

阿那克西曼德在解释宇宙的时候采取了三个非常重要的步骤，为在他之后的所有观点奠定了基础：天体（恒星、行星、月亮）沿整圆旋转，时而从地球下方穿过，时而又从上方穿出；地球在太空中无支撑地飘浮着；天体占据了环绕地球的球面，但它们并不都位于同一个球面上——它们在以地球为中心的多个同心球面上。阿那克西曼德认为地球是一个厚盘形，它的直径是厚度的3倍，而我们则生活在盘子的上表面。他解释地球之所以没有从太空中坠落是由于其处于宇宙的中心，受到各个方向的压力相等，使其能够保持平衡。

泰勒斯与毕达哥拉斯宇宙模型与学说

泰勒斯是公元前7世纪古希腊著名的自然科学家和哲学家，是“希腊七贤”之一。他的门生阿那克西曼德绘制了世界上第一张全球地图。

泰勒斯认为，天空是一个完整的球体，而不是悬在大地上方的半球拱形：天空围绕着北极星运转，而地球则是一个自由浮动的圆柱体，人类处于圆柱体的平坦的一端，而人类的世界只是无数世界中的一个；在大地的周围环绕着空气天、恒星天、月亮天、行星天和太阳天等。

以发现勾股定理而闻名于世的古希腊数学家毕达哥拉斯提出了地球是球形的理论。他认为，地球是球形自转的天体，太阳、月亮、行星等天体的运动都是均匀的圆周运动。

古希腊的宇宙观

对于古代人来说，日月星辰的运转、宇宙的变化直接关系到他们的生产和生活。古希腊哲学家们对宇宙的认知以及他们的天文学思想，对后世影响深远。人类探索宇宙也从玄学或神话故事向实际观测出发。

阿那克西曼德的天球观

在阿那克西曼德的模型中，恒星所在的轨道面最接近地球，接着是月亮的轨道面，而太阳离地球最远。而在大约250—300年之后，萨摩斯的阿里斯塔克斯（约公元前310—前230）提出太阳才是宇宙的中心，而非地球。他同样采用了同心圆或同心球面作为天体的运行轨道。

泰勒斯与毕达哥拉斯的宇宙模型

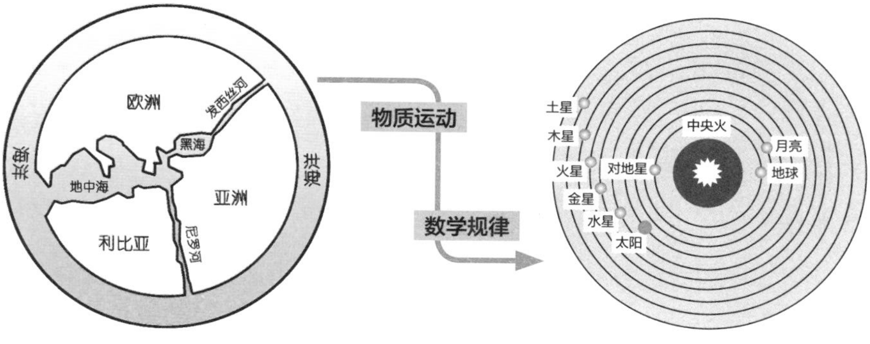

对泰勒斯来说，水是世界初始的基本元素，地球就漂在水上，海水在世界的尽头落入地狱之中。

毕达哥拉斯认为地球围绕中央火转动，对地星与之平衡。10个天体到中央火的距离，与音节的音程具有同比关系，保证星球的和谐，奏出天体的音乐。

4

16 世纪前欧洲的宇宙观

地球是静止的宇宙中心

地心说受到基督教会的推崇，在 16 世纪“日心说”创立之前，一直是西欧社会基本的宇宙观。

亚里士多德提出地心说

公元前 4 世纪，古希腊最伟大的哲学家亚里士多德提出了地心说。他认为地是球形的，是宇宙的中心。地球和太阳、月亮等天体由不同的物质组成，地球上的物质是由水、气、火、土四种元素组成，天体则由第五种元素“以太”构成。亚里士多德认为，宇宙是有限的，由以地球为中心的 9 个球面构成，最外侧的球面紧挨着很多恒星，而太阳、月亮、火星等天体在这 9 个球面之上围绕地球运转，它们每 24 小时运行一周。

但是，随着对行星观测的不断发展，这种以地球为中心的天动说出现了破绽，它不能很好地解释行星的“不规则”运行。后来，在公元前 2 世纪左右，伊巴谷在亚里士多德理论的基础上，提出了本轮、均轮，以及偏心圆等理论，并把天球的数量减少到 7 个。

托勒密创立地心说

公元 140 年前后，天文学家克罗狄斯 · 托勒密全面继承了亚里士多德的地心说，将宇宙这个有限的球体分为天地两层，著成《天文学大成》，创立了宇宙地心说。

托勒密认为地球位于宇宙的中心，是静止不动的。太阳、月亮、行星都在一个称为“本轮”的小圆形轨道上匀速转动，而本轮的中心又在称为“均轮”的大圆轨道上绕地球匀速转动；地球并不在均轮圆心位置，与其圆心有一定的距离；水星和金星的本轮中心位于地球与太阳的连线上；本轮中心在均轮上的运转周期为一年；恒星都位于“恒星天”之上，太阳、月亮和行星除了上述运动，还要与“恒星天”一起，每天绕地球转一圈。

地心说的创立

对于古代人来说，日月星辰的运转、宇宙的变化直接关系到他们的生产和生活。这也促使他们更加注重对于宇宙的观测和探索。从这一点上看，古代人比现代人更贴近宇宙。

亚里士多德的宇宙模型

亚里士多德（公元前384—前322），是古希腊最著名的哲学家。他首次将哲学和其他科学区别开来，他的学术思想对西方文化、科学的发展产生了巨大的影响。

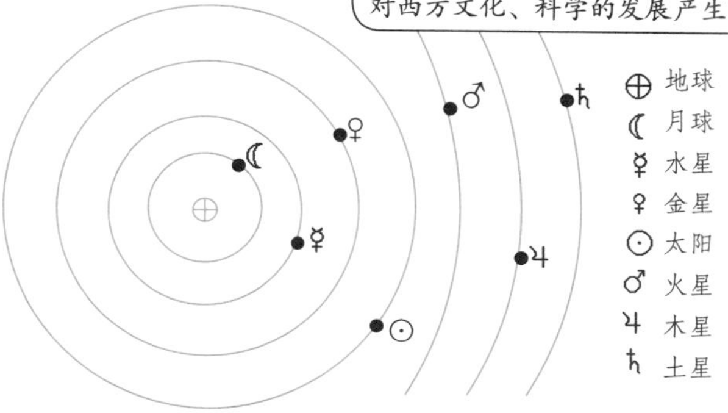

亚里士多德认为地是球形的，是宇宙的中心。地球和天体由不同的物质组成，天体由第五种元素“以太”构成。

托勒密的地心体系

托勒密（约90—168），古希腊天文学家、地理学家、地图学家、数学家，创立了在西方流传千余年的地心说。

地球位于宇宙中心静止不动。

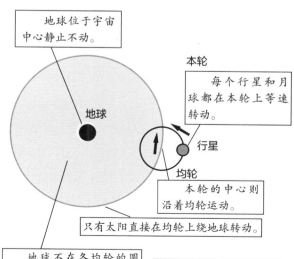

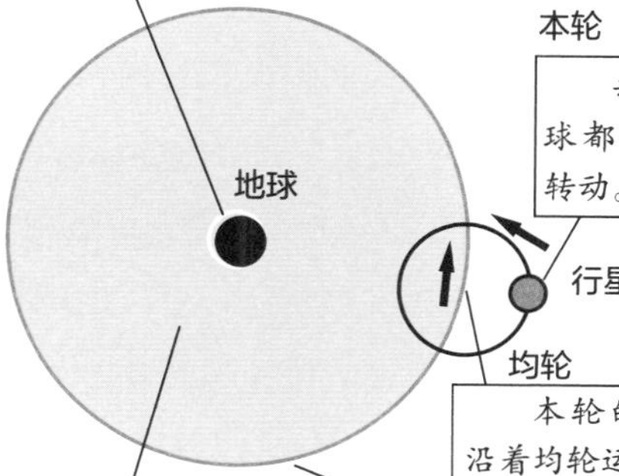

每个行星和月球都在本轮上等速转动。

本轮的中心则沿着均轮运动。

只有太阳直接在均轮上绕地球转动。

地球不在各均轮的圆心上，而是偏离一段距离。

恒星都位于恒星天之上。

5

以太阳为中心的宇宙结构体系

哥白尼创立日心说

哥白尼的学说是人类宇宙观的一次彻底的革命，它使人们的整个世界观都发生了重大变化。

阿利斯塔克提出日心说

在古希腊，并非所有的人都相信亚里士多德的地心说。雅典著名的天文学家阿利斯塔克就提出了与之不同的观点。他认为，地球每天在自己的轴上自转，每年沿圆周轨道绕太阳一周；太阳和恒星都是静止不动的，而各行星则是以太阳为中心作圆周运动。这是古代最早的日心说思想，比哥白尼的“日心地动说”还要早 1800 多年。

阿利斯塔克的这一学说，完全与当时人们对宇宙的观念相悖。以当时的天文学和力学知识的水平，人们根本无法理解这样的宇宙法则。虽然阿基米德非常拥护这个学说，并加以发展，使之产生了一定的影响。但是后来，这个学说被指责为亵渎神灵，一直受到基督教会的压制。

另外，阿利斯塔克还是最早测定太阳和月球到地球的距离的近似比值的人。

哥白尼创立日心说

随着时间的推移，天文观测的精确度不断提高，人们逐渐发现了地心学说的问题。到文艺复兴时期，托勒密所提出的均轮和本轮的数目已多达 80 多个。这时，波兰人哥白尼经过长期的天文观测和研究，创立了更为科学的宇宙结构体系——日心说，从此否定了在西方统治达一千多年的地心说。

1543 年，哥白尼的《天体运行论》出版发行，在书中他阐述了日心体系，提出地球只是围绕太阳的一颗普通行星。地球每天自转一周，天穹的旋转正是由此产生的。月球在圆轨道上绕地球转动。太阳在天球上的周年运动是地球绕太阳公转运动的反映。而地球上的人们观测到的行星的“倒退”或“靠近”则是地球和行星共同绕日运动的结果。

日心说的创立

哥白尼经过长期的天文观测和研究，创立了更为科学的宇宙结构体系——日心说，从此否定了在西方统治达一千多年的地心说。

阿利斯塔克的日心模型

阿利斯塔克（约公元前 310—前 230）提出了古代的日心说：

1. 恒星和太阳静止不动；
2. 地球和行星在以太阳为中心的不同圆轨道上绕太阳转动；
3. 地球每天绕轴自转一周。

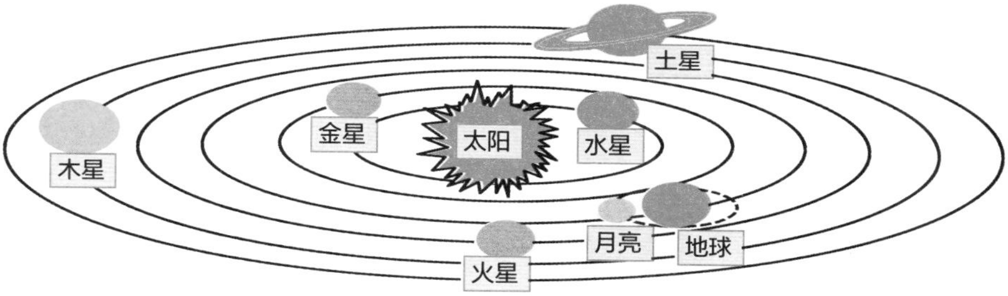

地心说的终结

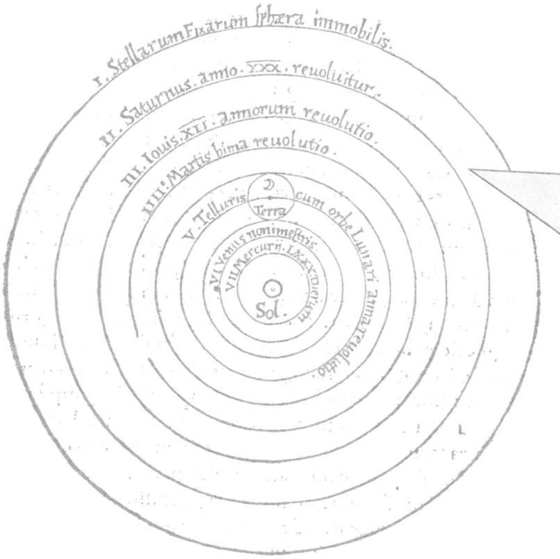

尼古拉·哥白尼（1473—1543）的这张简洁平实的太阳系图标志着人类历史上的一个重要转折点。它推翻了托勒密的世界体系，将太阳置于中心，地球和其他行星均围绕着太阳旋转，并注明固定的恒星是无法移动的。可以看到，托勒密模型当中的外层球已经消失。从此，天文学彻底从宗教神学的束缚中得以解放出来。

哥白尼的学说也存在一些缺陷，它保留了恒星天的概念，并把太阳视为整个宇宙的中心。而且，他仍然相信天体只能按照所谓完美的圆形轨道运动。

6

天动地静学说的终结

开普勒三大定律

第谷·布拉赫一直坚持天动说，但他进行的大量的观测，却被开普勒用来证实地球是围绕太阳运转的。

第谷·布拉赫的发现

16 世纪，丹麦天文观测家第谷·布拉赫发现了仙后座的一颗新星，他进行了连续十几个月的观察，看到了这颗星从明亮到消失的过程，这打破了历来“恒星不变”的学说。现在我们知道这种情况并非一个新星的生成，而是暗到几乎看不见的恒星在消失前发生爆炸的过程。

第谷通过精确的星位测量，企图发现恒星的视差效应，即由地球运行而引起的恒星方位的改变，结果一无所得。于是他开始反对哥白尼的地动说，并提出了这样一种宇宙体系：地球在宇宙中心静止不动，行星绕太阳运转，而太阳则率领行星绕地球转动。17 世纪初，他的学说传入中国后曾一度被接受。

开普勒三大定律

在第谷去世后，他的助手开普勒利用第谷多年积累的观测资料，仔细分析研究后，提出了行星运动的三大定律，即开普勒三大定律，为牛顿万有引力定律打下了基础。

1609 年，开普勒在《新天文学》中提出了他的前两个行星运动定律。第一定律是关于围绕太阳运动的行星轨迹的定律，认为每个行星的运行轨道是一个椭圆形，而太阳位于这个椭圆轨道的一个焦点上。第二定律是关于行星运行速度的定律，认为行星与太阳的距离时近时远，在最接近太阳的地方，运行的速度也最快，反之，在最远离太阳的地方速度最慢；行星与太阳之间的连线在等时间内扫过的面积相等。10 年后，开普勒又发表了行星运动第三定律，认为行星距离太阳越远，其运转周期越长；行星运转周期的平方与到太阳之间距离的立方成正比。

另外，开普勒还猜测彗星的尾巴总是背着太阳，是因为存在一种太阳风将其吹开。这是第一个牵涉到光压领域的论述。

开普勒三大定律

第谷的助手开普勒利用第谷多年积累的观测资料，仔细分析研究后，提出了行星运动的三大定律，即开普勒三大定律，为牛顿万有引力定律打下了基础。

第谷的宇宙模型

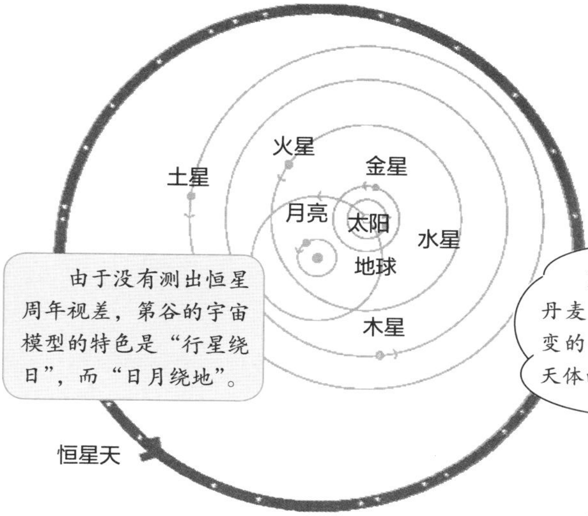

由于没有测出恒星周年视差，第谷的宇宙模型的特色是“行星绕日”，而“日月绕地”。

第谷·布拉赫（1546—1601），丹麦天文学家。他打破了恒星不变的说法，是第一个把彗星看作天体的西方人。

开普勒三大定律

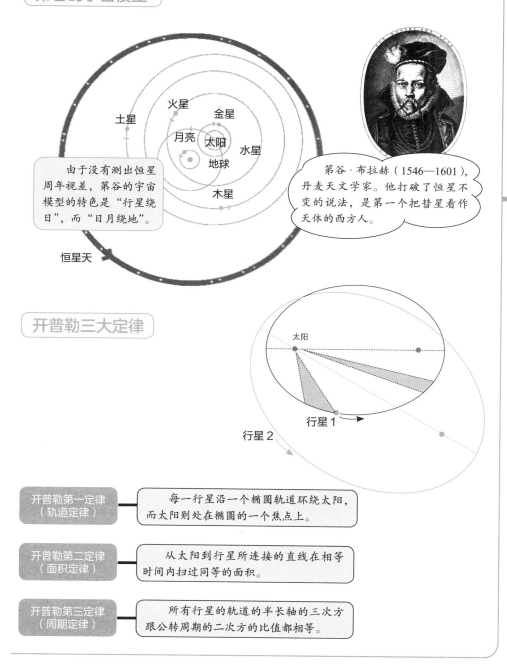

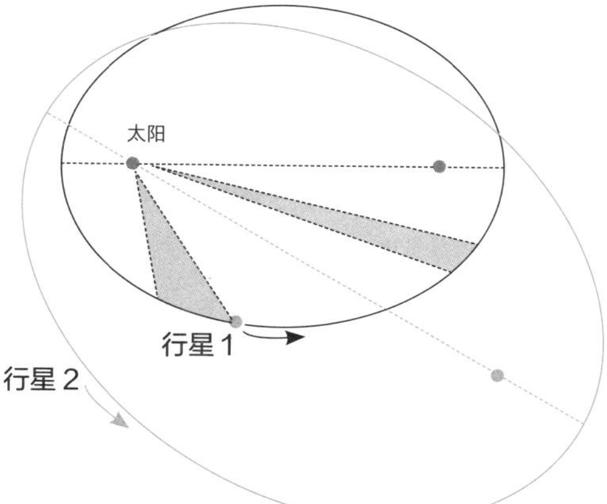

开普勒第一定律（轨道定律）

每一行星沿一个椭圆轨道环绕太阳，而太阳则处在椭圆的一个焦点上。

开普勒第二定律（面积定律）

从太阳到行星所连接的直线在相等时间内扫过同等的面积。

开普勒第三定律（周期定律）

所有行星的轨道的半长轴的三次方跟公转周期的二次方的比值都相等。

7

行星运行的动力
万有引力

开普勒定律很好地描述了行星围绕恒星运行的规律，但却不能够解释为什么会产生这种运动。开普勒固执地认为这是由于磁力的作用，但椭圆轨道却与这种观念难以调和。

自然哲学的数学原理

1687年，牛顿对行星运行的动力问题做出了解释。《自然哲学的数学原理》（简称《原理》，后文亦有此类简称，并非同一本书，注意区别）之所以难懂，绝对不是因为牛顿缺少简练有力的笔法，主要是为了规避“门外汉”的纠缠，但对于看明白的人来说，这绝对是一部奇书。

这本书不仅解释了关于行星为什么总是沿着椭圆轨道运行的问题，而且提出了万有引力定律。这一定律被誉为“17世纪自然科学最伟大的成果之一”。《原理》的核心是牛顿三大定律（惯性定律，物体具有惯性；力与加速度，$F=ma$；作用力与反作用力）以及万有引力定律。

万有引力

牛顿认为，宇宙中每个质点都以一种力吸引其他各个质点。这种力与各质点的质量的乘积成正比，与它们之间距离的平方成反比。如果两个质点的质量分别为M和m，并且在它们之间的距离为r，它们之间的万有引力F可以用公式表示：$F=G\frac{Mm}{r^2}$

其中，G为引力常数（或万有引力常数）。值得注意的是，只有当两个物体之间的距离远大于物体的尺寸时，它们才可以近似看作质点，这个公式才是适用的。否则需要把物体分割为足够小的质点，两两之间计算引力，而后进行积分。万有引力定律的普遍适用性是牛顿深受人们尊重的原因之一。

引力而非磁力

磁力的发现远早于引力的发现，于是开普勒在发现行星椭圆轨道的现象之后，想当然地认为是磁力维持了这一种运动。他将发现引力的荣誉留给了晚他近一个世纪出生的牛顿。

行星轨道与磁力

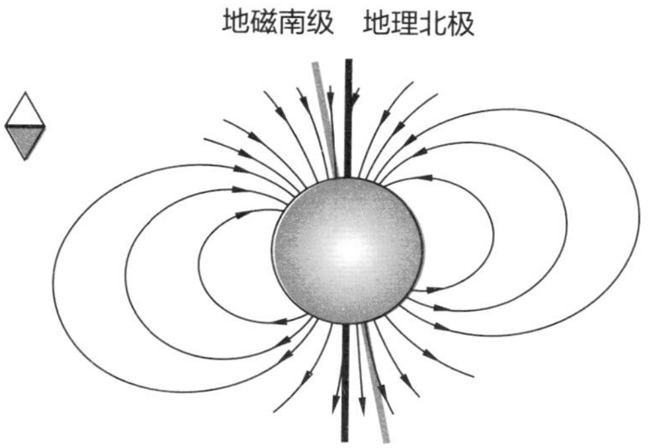

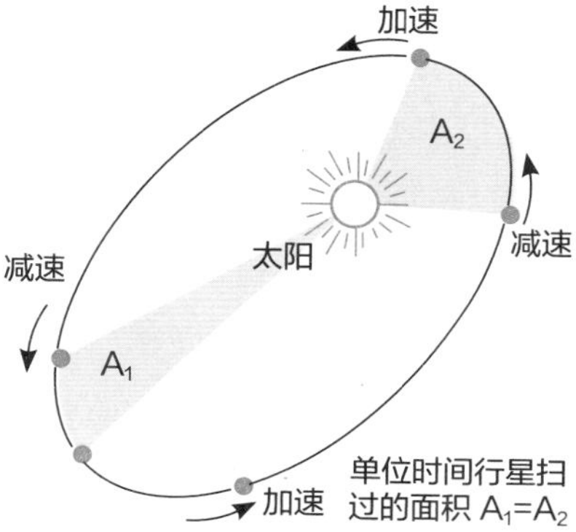

威廉·吉尔伯特（1544—1603）认为天体并不是等距离的，它们像地球一样拥有围绕它们运行的行星。地球本身就像一个巨大的磁体，这是罗盘总指向北的原因。他推测月亮可能也是一个磁体，从而导致它被地球吸引而围绕地球运行。这或许是人类首次认识到天体运行轨迹可能是由外力导致的。

开普勒汲取了吉尔伯特《论磁石》（1600 年）中磁性地球的理论，假设太阳发射的动力（或动力个体）随着距离减弱，当行星靠近或远离太阳，运动会加快或减慢。根据对地球和火星远日点和近日点的测量，他认为行星的运动速度与它距太阳的距离成反比。1602 年年底，开普勒重新阐述了这个比例：行星在同样的时间内扫过同样的面积。

行星轨道与引力

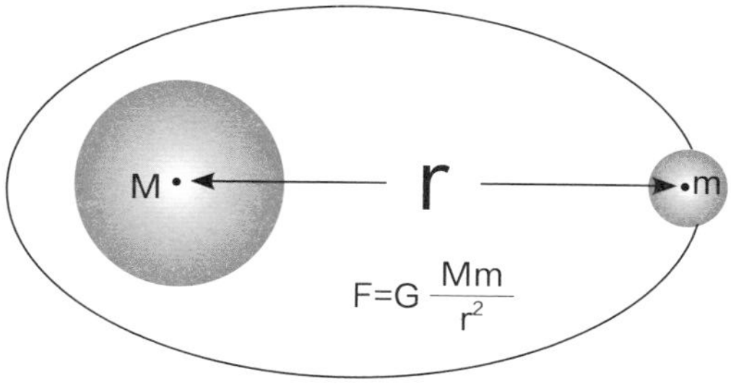

万有引力公式

牛顿提出引力的观点，用来解释行星的绕行问题。在万有引力的理论中，宇宙中每个质点都以一种力吸引其他各个质点，这种力随着质点质量的增加而增加，随着它们之间距离的增加而减小。

8

万有引力带来的悖论

所有的恒星将同时落到一点

牛顿在晚年成为一名有神论者，他相信使得行星能够围绕恒星运转的力除了引力外，还有一种“切线力”，这种力只能来自上帝的“第一推动力”。

引力让恒星坠落

牛顿吸收了哥白尼的观点，认为宇宙是无边无际的。这也就意味着在宇宙中存在着无数多的恒星，它们和太阳一样，不会因为行星的绕转而改变它们之间的相对位置。由此可以推知，根据万有引力理论，恒星之间会相互吸引，它们应该难以保持相对的运动状态。由此催生出一个问题：所有恒星最终都会落到某一个点上面吗?

牛顿的解释

牛顿曾尝试给这种推论做出解释。在他 1691 年给思想家理查德 · 本特利的信中说到，人如果仅仅是有限的恒星的话，是会发生恒星坠落现象的。但他同时又认为宇宙中横行的数量无限多，而且他们大致均匀地分布在空间内，彼此引力平衡，因此相对于任何恒星来说都不存在该坠落的点，所以恒星不会向内聚落。

这种推断是尝试解决这一问题时最常遭遇的陷阱之一。首先来说，如果宇宙中存在无限多均匀分布的恒星，那么朝每一个方向看去都应该有无穷无尽的恒星。另外，人们应该意识到解决这一问题的关键在于把它放到有限的环境中。假如在一个有限的环境中均匀分布着一些恒星，它们由于引力的原因必然会最终坍缩在一起，而如果在这有限的空间外在均匀放置一些恒星，它们必然也会坍缩在一起……最后我们构建了一个接近于无限，然而却最终势必塌陷在一起的宇宙。

坠落的恒星

按照万有引力的观点，所有的天体都将可能由于引力的作用而最终坍缩在一起。

恒星之间的引力

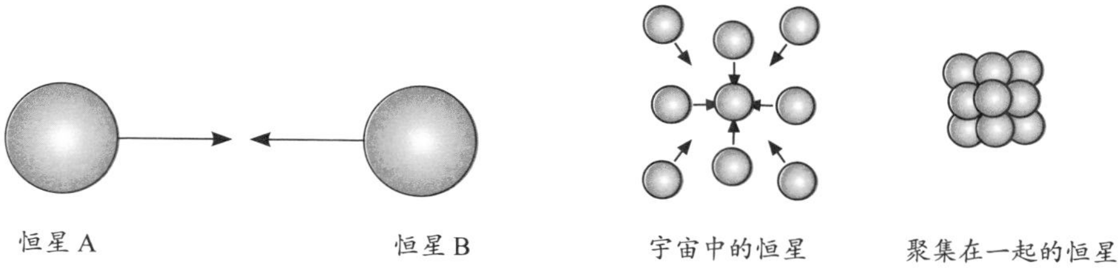

恒星拥有巨大的质量，它们之间虽然距离很远，但引力作用会使其相互靠近。

按照万有引力理论，人们推测认为所有的恒星都将聚集坠落在一起。

精巧的宇宙状态

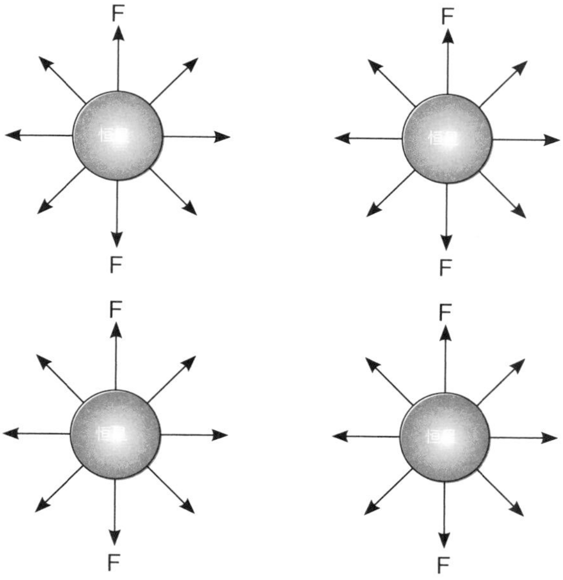

※F 表示万有引力

牛顿认为宇宙中无限而均匀分布的恒星平衡了各自的引力，每一颗恒星受到各个方向上的力，最终维持在了一个平衡的状态，并且在无限的宇宙中也不存在一个可以坠落的点。

9

万有“斥力”
宇宙是静态的吗

万有引力定律以及其他一些现象严重冲击了无限静态宇宙的观念，直到 20 世纪 20 年代末，人们才开始逐渐摒弃这种观念。

修正万有引力

人们极尽努力维护自己的世界观。为了在理论上使得所有的恒星都维持在相对平衡的状态，万有引力曾一度被修正为在很远的距离时，引力将变为斥力，而近处恒星间的引力被来自远处恒星的斥力相抵消。

修正后的引力理论就像一个扑克牌城堡，稍有一点变动便会土崩瓦解。假如某一天一颗恒星的位置发生了略微的变动，那么与它相关联的引力、斥力也都会发生变化，这种变化犹如多米诺骨牌，一连串的连锁反应会彻底打破这一种幻想的平衡。

对无限静态宇宙的反诘

1823 年，德国哲学家海因里希 · 奥伯斯关于无限静态宇宙的诘问引起了人们对这一议题的广泛关注。在一个静态的宇宙中，无限多的恒星会照亮整个天空，黑夜将不复存在，因为往天空中无论朝向哪个方向，你的视线总会落在某一颗恒星上。为了解释地球上舒适的生命环境，奥伯斯认为宇宙中存在某种物质将光线吸收了。

如果宇宙的介质将部分光线吸收了，那么这些物质也必将会变得非常明亮，因此这种解释也必须再做出一些让步。于是，无限静态宇宙中预示的无限多的恒星便不能永久发光，而且这种吸光介质仍然可以继续工作很长一段时间；并且也可以假设，更远处的恒星光线到目前为止还没有来到你我的眼中。

无限静态宇宙的破产

20 世纪以前，在人们的世界观中，宇宙似乎总是一成不变的，或是在创生之后一直保持着与创生之初相似的状态。这是 20 世纪以前的人们未能提出“宇宙处于膨胀之中”这一观点的主要原因。

恒星之间的引力和“斥力”

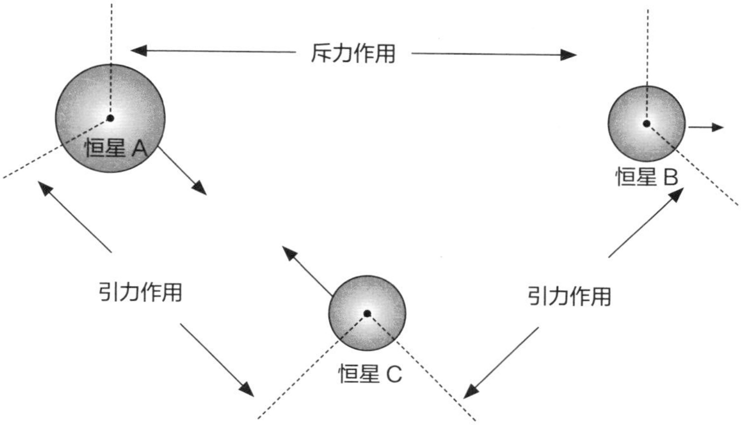

修正后的万有引力理论拥护者认为，恒星之间力的作用取决于彼此之间的距离，当距离在某一特定范围之内时，力表现为引力，而当距离大于某一特定值时则表现为斥力。值得注意的是，这种修正后的引力理论已经被遗弃。

“明亮”的夜空

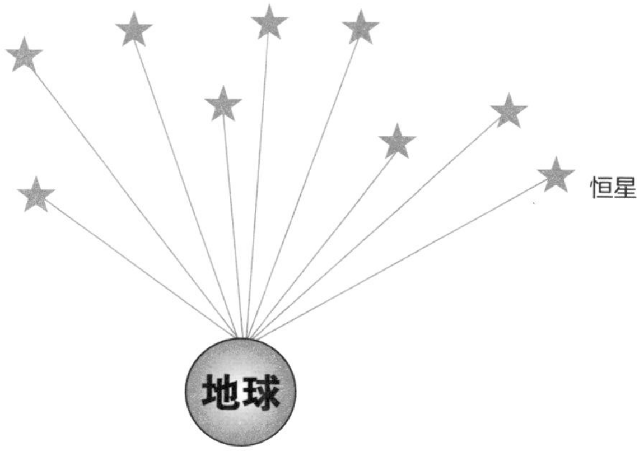

如果宇宙是无限静态的，那么人无论朝向哪个方向，视线总会落在某一颗恒星上，夜空就会变得非常明亮。无限静态宇宙的观点变得越来越难以深入人心。

10

宇宙从哪里来①

宇宙起源的传统解释

宗教最先给出了关于宇宙起源问题的解释，宗教学普遍认为宇宙起源于并不太遥远的过去某个有限的时间段。

不远处的过去

圣奥古斯丁（354—430 年），一位著名的神学家和哲学家，他的思想成为推动其发展的主要力量，他的神学成为基督教教义的基本来源。他在对《创世纪》进行分析研究后认为，宇宙大约诞生在公元前 5000 年。他的论据之一在于，人类文明是渐进式的，人们可以学习并记住先辈们的经验和技术，按照当时的技术水准，宇宙不可能存在太长时间。

圣奥古斯丁的观点影响甚远，但他绝对难以相信现代化石研究表明早在公元前 10000 年，人类文明就已经开始萌发了。

文明的回滚

许多希腊哲学家们并不喜欢创生的观念，亚里士多德就是其中之一。亚里士多德认为人类世界是永恒存在的，并且人类也会不断学习前人的经验和技术，而人类之所以还处在较低的文明发展阶段，是因为洪水以及天灾总会周期性的发生，使文明回到起点。

人们深信宇宙处于一种静止的永恒的状态，因此也不愿将多余的思考花在宇宙的开端这一问题上。久而久之，人们便习惯于将宇宙按照一种永恒的状态进行解释，即使发现宇宙处于某种变化之中，仍旧固执地认为这种变化维持在宇宙恰好永恒存在的范围之内。

传统的宇宙观

从最初人类对于星象变化的认识开始，宇宙的观念就已经开始萌芽了。人们为了研究和制定各种时间或时令（季节或者历法）而产生了天文学，其中甚至有一部分是来源于占卜的占星术。

黄道十二宫

早期文化以神话和灵魂标示天体，相信专业天文学家祭司们了解神圣的天空，因此传统的宇宙观和现在所谓的占星学是联系在一起的。由此产生的依据太阳和月球（测量年、月和日）设置的历法，对农业劳作非常重要。

黄道十二宫是在西洋占星术中描述黄道带上人为划分的十二个随中气点移动的均等区域（与实际星座位置不一致），并使用这些区域分别充当实际的黄道星座。

※1930年，国际天文联合会官方确认蛇夫座为黄道星座。

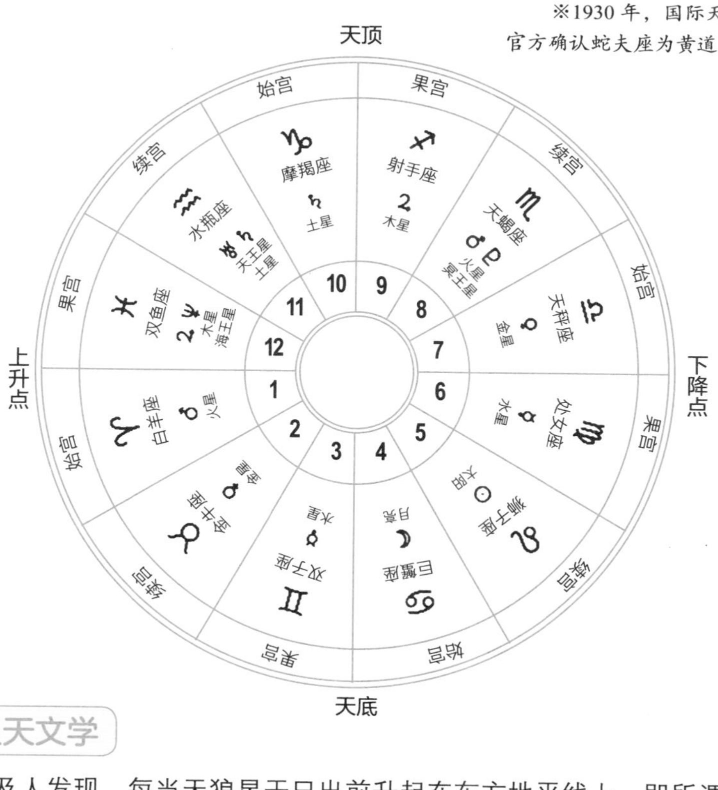

古埃及天文学

古埃及人发现，每当天狼星于日出前升起在东方地平线上，即所谓的“偕日升”，之后再过两个月，尼罗河就会泛滥。尼罗河水的这种周期性泛滥，使古埃及人产生了“季节”的概念。他们把天狼星再次和太阳在同样的地方升起的周期记为一年。从时间上计算，这个周期为365.25日。

11

宇宙从哪里来②

宇宙的发端

往古来今谓之宙，四方上下谓之宇。——庄子

宇宙的大小

宇宙的体积非常巨大，目前来说我们平时所讨论的、可见的宇宙已经发展到了几十亿光年的大小，直径约为 1.5×10^{24}km。但是大多数理论认为，整个超宇宙仍然要比这个大得多。

大爆炸宇宙论

1929 年，埃德温·哈勃观测到遥远的星系都在快速地离我们而去。这意味着在过去的一段时间里，天体紧密地聚集在一起，也就是说“宇宙在膨胀”。那宇宙到底是怎样产生的呢？

“大爆炸宇宙论”解释了这个问题。该理论认为宇宙是由一个致密炽热的“奇点”在一次大爆炸后膨胀形成的。20 世纪 20 年代，乔治·勒梅特作为一名比利时教师兼学者，率先提出了这种假设。直到约 40 年后，这一理论才在学界广为人知。

“奇点”并不像普通意义上悬在漆黑空间的一个点，因为时间和空间是在奇点之后产生的。奇点四周没有四周，没有空间让它占据。这一点比较难以理解，有点儿像一个美妙想法的存在一样，它就一直默默地在那里。静静地等待，等待着喷薄而出。

那到底要“等”到什么时候呢？其实关于“大爆炸”发生的时间存在一点争议，不过随着研究的不断深入，越来越多的人赞成大爆炸发生在约 137 亿年之前，不过科学家们更愿意称此时为 t=0 的时刻。

从无到有的一瞬间

物质密度从密集到稀疏的演化，如同一次规模巨大的爆炸。而在最开始很短的时间内，宇宙已初具规模。

大爆炸后 1 秒，100 亿摄氏度，中微子向外逃逸，正负电子湮没反应出现，核力不足以束缚中子和质子。

不到一分钟

直径约 1600 万亿千米，100 亿摄氏度，核反应产生氢和氦，以及少量锂。

三分钟后

98% 目前存在以及将会产生的物质都在此时产生了。

大爆炸后 0.1 秒，中子和质子的比重从 100% 下降到 61%。

大爆炸后 0.01 秒，1000 亿摄氏度，光子、中子、中微子为主要物质，处于热平衡状态，体积急剧膨胀，温度和密度不断下降。

大爆炸后 10^{-5} 秒，10 万亿摄氏度，质子和中子形成。

宇宙形成的这一初期过程与制作一份早餐的时间相当。

大爆炸后 10^{-35} 秒，统一场分解为强力、电弱力和引力。

大爆炸后 10^{-43} 秒，宇宙从量子背景出现。

奇点

温度奇高、致密、致小，137 亿年前或 t=0，时间的起点。

资料卡

奇点，是一个体积无限小、密度无限大、引力无限大、时空曲率无限大的点。在这个点，目前所知的物理定律停止适用。

第二章

宇宙在膨胀

无限静态宇宙的破产昭示着动态宇宙的产生。埃蒙德·哈勃的发现揭开了膨胀宇宙模型的序幕。这一模型经过阿兰·古斯、弗里德曼等人的努力，逐渐为众人所接受：我们所处的宇宙正处于一种加速膨胀的状态。

本章关键词

哈勃定律　大爆炸理论　暗物质　宇宙微波背景辐射

宇宙从何而来，又往何处去？

——霍金

◇ 图版目录 ◇

世纪大发现

宇宙在膨胀

根据大爆炸宇宙论，在距今 150 亿—200 亿年前，宇宙是一大片由微观粒子构成的均匀气体，温度极高，密度极大，且以很大的速率膨胀着。而这种膨胀将使温度降低，使得原子核、原子乃至恒星、星系得以相继出现。

难以理解的膨胀

“大爆炸宇宙论”英文称作“Big Bang”理论，十分形象。在若干个支持大爆炸宇宙论的观测结果中，“宇宙在膨胀”的结论最为重要。

1929 年，科学家发现了宇宙膨胀的证据，并对此产生了赞成和反对的两派，且展开了激烈的争论。到 1965 年左右，宇宙膨胀的观点获得了世界上大部分科学家的认可，但仍有少数天文学家反对这种说法。

依照一般思维，我们很难理解宇宙膨胀的样子，因为这是空间的不断扩张。人们很容易地把膨胀想象成吹起的气球的样子，也可能会在脑中有这样的场景浮现：在某处发生大爆炸的背景中，恒星和星系从其中飞出，冲向四面八方。无论怎样，在我们的想象中，大爆炸要在一定的空间里发生。但是，如果这次大爆炸指的是整个宇宙，当时并没有让其发生的空间，空间也是由大爆炸起源的，这就很难理解了。

远去的星云

1912 年，维斯多 · 斯莱弗观察了仙女座星云 M31 的光谱，发现向蓝色方向移去。根据多普勒效应，就可以得出结论，仙女座星云正以每秒 30 千米的速度飞向地球。斯莱弗马上测量其他的星云，到 1914 年他一共分析了 13 个星云，发现有 11 个是向红的方位移动，2 个向蓝的方位移动。到 1925 年他观测的星云数目达到 41 个，加上其他天文学家观测的 4 个星云，一共 45 个星云中，有 43 个是红移，2 个蓝移。他们根据观测数据，形成了这样一个结论：大部分星云正在高速飞离地球。

从大爆炸到膨胀

至于现在的宇宙是一直膨胀下去，还是会在某一时刻转为收缩，也是众说不一的一个命题。

大爆炸之后，先是生成细小的微粒，继而聚集成大团的物质，最终形成星系、恒星和行星等。也就是我们现在所在的宇宙的样子。

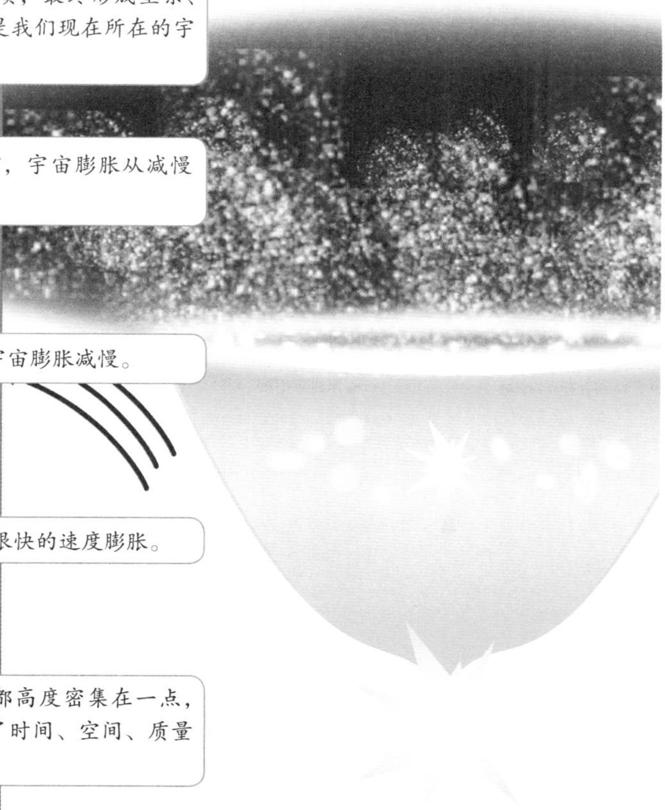

大约在50亿年前，宇宙膨胀从减慢变为加速。

在辐射诞生时刻宇宙膨胀减慢。

宇宙开始时以很快的速度膨胀。

宇宙所有的物质都高度密集在一点，从这个极小的点诞生了时间、空间、质量和能量。

在大爆炸发生前，没有空间和时间，也没有物质与能量。

大爆炸宇宙是目前最有说服力的宇宙图景理论。然而，这个理论仍然缺乏大量实验的支持，我们尚不知晓宇宙开始爆炸前的图景。因此，对于这个理论，也存在不少反对的声音。

光谱分析的应用

光的波长和颜色

光波是由原子内部运动的电子产生的。不同物质原子内部的电子的运动情况不同，它们发射和吸收的光波也不同。

光的波长

1666 年，艾萨克 · 牛顿发现透过玻璃窗射入的阳光会分成几种颜色。太阳光穿过三棱镜后，同样会分离出如彩虹般的 7 种颜色。牛顿认为，这种现象的产生，是因为太阳光中混合着几种波长不同的光。波长不同的光通过棱镜时，产生了折射，再进入棱镜的一面，方向改变一些，当它离开棱镜时，又再改变一些。这样就分离出了不同的颜色，其中紫光的方向改变最大，红光最小。彩虹的形成与棱镜类似，只是彩虹把天空中的雨滴当作一个个棱镜。

人眼可以感知的部分称为可见光，可见光的波长没有精确的范围。一般人的眼睛可以感知的波长在 400—700 纳米之间。正常视力的人眼对波长约为 555 纳米的光，即绿光的感知最为敏感。

分光在天文上的应用

把光的几个波长也就是颜色分开在天文学中称之为分光。从 19 世纪开始，通过将天体的光分光，明确了很多事实。

光波是由原子内部运动的电子产生的。不同物质原子内部的电子的运动情况不同，它们发射和吸收的光波也不同。特定的原子发射和吸收特定波长的光。举例来说，钠原子发射和吸收波长为 589 纳米和 589.6 纳米的光，而氢原子发射和吸收波长为 486.1 纳米和 653.6 纳米的光。

复色光经过如棱镜、光栅等色散系统分光后，被色散开的单色光按波长大小而依次排列的图案就是光谱。光谱分析如今已被天文学家广泛采用。

牛顿的色散实验

牛顿的《光学》一书集中反映了他的光学成就。一位著名的英国学者说过："单凭他在光学上的成就，牛顿就已经可以成为科学上的头等人物。"

在光学发展的早期，对颜色的解释显得特别困难。亚里士多德认为，颜色不是物体客观的性质，而是人们主观的感觉，一切颜色的形成都是光明与黑暗、白与黑按比例混合的结果。

1663年，波义耳提出，物体的颜色并不是属于物体的特性，而是由于光线在照射到物体上发生变异所引起的，能完全反射光线的物体呈白色，完全吸收光线的物体呈黑色。

笛卡儿、胡克等人主张红色是大大地浓缩了的光，紫光是大大地稀释了的光。

牛顿认为白光是由各种不同颜色的光组成的，玻璃对各种色光的折射率不同，当白光通过棱镜时，各色光以不同角度折射，结果就被分开成颜色光谱。

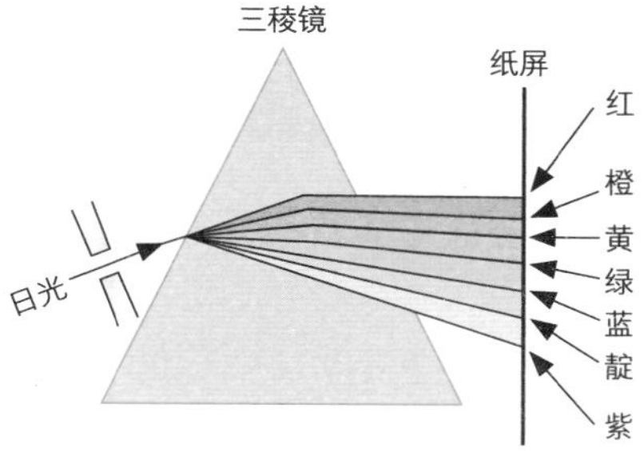

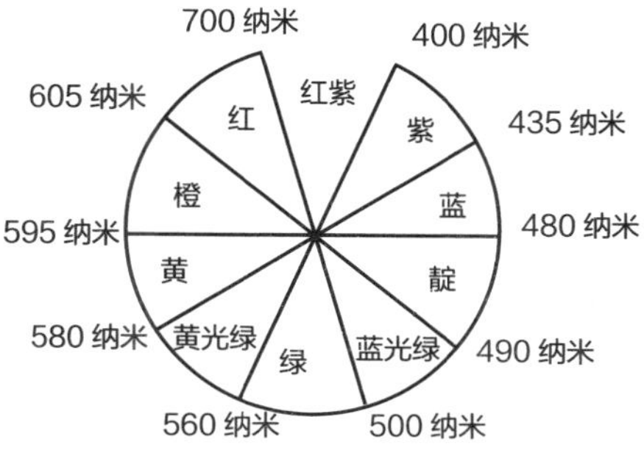

牛顿的三棱镜实验对白光进行分解，通过这个实验，在墙上得到了一个彩色光斑，颜色的排列是红、橙、黄、绿、蓝、靛、紫。牛顿把这个颜色光斑叫作光谱。

可见光是电磁波谱中人眼可以感知的部分，一般人的眼睛可以感知的电磁波的波长在400—700纳米之间。

声波的压缩和拉伸

多普勒效应

在日常生活中，我们大概都碰到过一边鸣笛一边急驰而去的救护车或消防车，那刺耳的笛音也经历了一个由低到高再到低的过程。车辆驶近时，笛音的频率也增高了。

频移现象

1842 年，奥地利数学家多普勒注意到了这样的现象：他路过铁路交叉处时，恰逢一列火车驶过，火车从远而近时汽笛声变响，音调变高，而火车从近而远时汽笛声变弱，音调变低。他对这个物理现象产生了极大的兴趣，并进行了研究，发现这是由于振源与观察者之间存在着相对运动，使观察者听到的声音频率不同于振源频率的现象。这就是频移现象，后来被称为多普勒效应。

多普勒认为，声波因为波源和观测者的相对运动而产生变化。在运动波源的前方，波被压缩，波长变得较短，频率变得较高。在运动波源的后面，产生相反的效应，波长变得较长，频率变得较低。波源的速度越高，这样的效应就越大。

同样，当波源静止而观测者移动的时候也会发生这种现象。

拜斯・贝洛的实验

1845 年，荷兰气象学家拜斯・贝洛实验证实了多普勒效应。他让一队小号手站在一辆从荷兰乌德勒支附近疾驶而过的敞篷火车上吹奏，而他自己则在站台上测量音调的改变。

多普勒效应有很多应用，如利用多普勒效应制成的血流仪，可以进行人体内血管中血流量分析；而多普勒超声波流量计可以测量工矿企业管道中污水或有悬浮物的液体的流速。再比如，装有多普勒测速仪的监视器向行进中的车辆发射频率已知的超声波，并测量反射波的频率，就能知道车辆是否在超速行驶。

多普勒效应

多普勒认为，声波因为波源和观测者的相对运动而产生变化。在运动波源的前方，波被压缩，波长变得较短。在运动波源的后面，波长变得较长。

多普勒观察到的现象

克里斯琴·约翰·多普勒，奥地利物理学家、数学家，因提出“多普勒效应”而闻名于世。他的研究还包括光学、电磁学和天文学，设计和改良了很多实验仪器。

远离的时候听起来声音低；接近的时候听起来声音高。

站在后面的人听起来声音低。

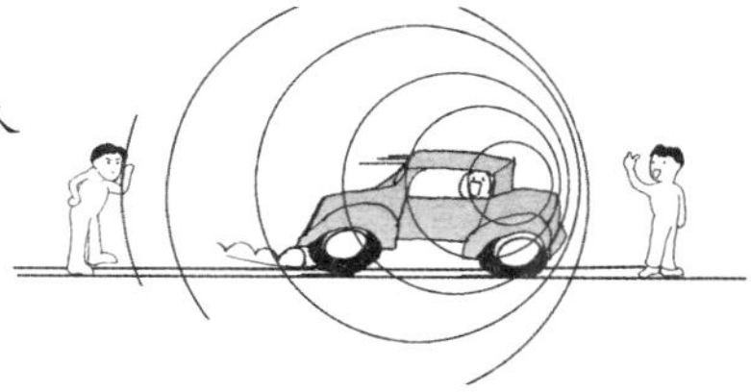

站在前面的人听起来声音高。

对现象的解释

声波长因为声源和观测者的相对运动而产生变化。在运动的波源前面，波被压缩，波长变得较短，频率变得较高。在运动的波源后面，产生相反的效应。

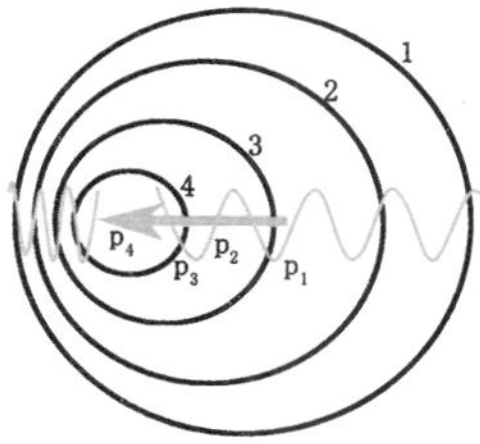

1845 年，荷兰气象学家拜斯·贝洛利用这辆敞篷火车证实了多普勒效应。

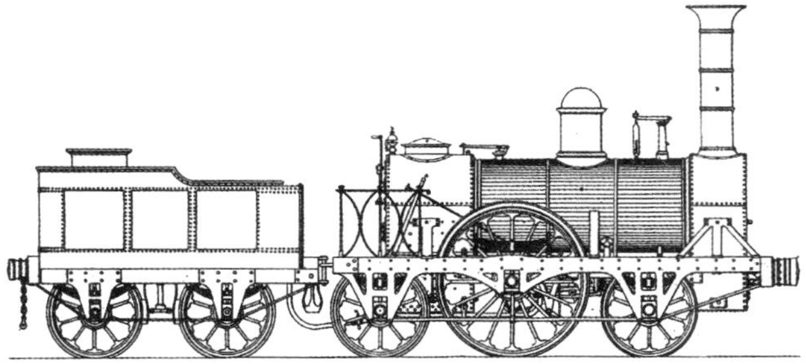

4

天体远离我们而去的证据

红移与退行速度

光也有波的性质，同样会发生多普勒效应。光波与声波的不同之处在于，光波频率的变化使人感觉到是颜色的变化。

光波的多普勒效应

光波的多普勒效应又被称为多普勒—斐索效应，这是因为法国物理学家斐索于 1848 年独立地对来自恒星的波长偏移作出了解释，指出了利用这种效应测量恒星相对速度的办法。

一颗恒星向远离观测者的方向运动时，它的光谱就会向红光方向移动，称为红移，因为运动恒星将它朝身后发射的光拉伸了。如果恒星运动的方向是朝我们而来，光的谱线就向紫光方向移动，称为蓝移。

根据测量多普勒效应引起的红移和蓝移，天文学家就可以计算出恒星的空间运动速度。从 19 世纪下半叶起，天文学家用此方法来测量恒星的视向速度，即物体或天体在观察者视线方向的运动速度——红移越大，视向速度越快。

从斯莱弗到哈勃

让我们再回到斯莱弗的发现，他将星系的光进行分光，发现分离后的光，在一些波长上变亮或变暗。这些波长应该是该星系所含原子释放或吸收的光的波长。但是，这些波长与任何原子都不一致。斯莱弗又把这些波长按照相同的比例向波长小的方向偏离，其波长就能与我们已知的原子放射和吸收的波长相一致。斯莱弗认为，原子的波长被拉长了。通过多普勒效应，就不难明白其中的原因。

1922 年，威尔逊山天文台的埃德温 · 哈勃和米尔顿 · 哈马逊又进行了更多的类似观测。到了 1929 年，哈勃主要通过将红移和视亮度进行比较，确立了星系的红移与它们到我们的距离成正比的关系，也就是现在所说的哈勃定律。

红移和蓝移

红移

一个天体的光谱向长波（红）端的位移叫作红移，根据多普勒效应，这是天体和观测者相对快速运动造成的波长变化。

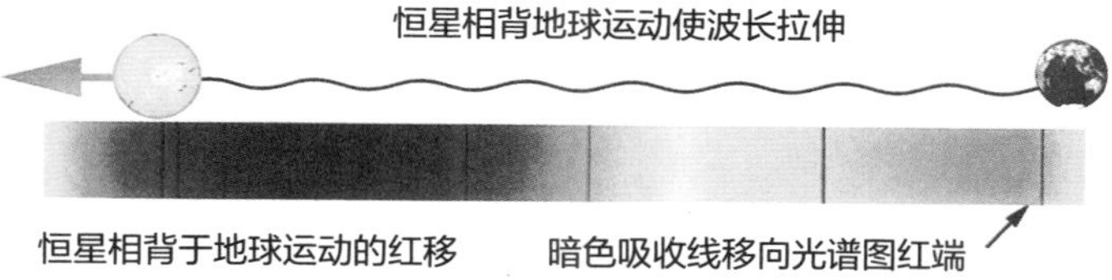

蓝移

当光源向观测者接近时，接受频率增高，相当于向蓝端偏移，称为蓝移。

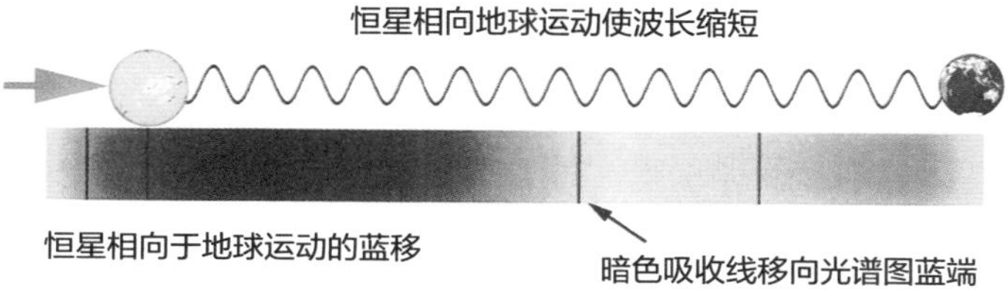

每一种元素会产生特定的吸收线，天文学家通过研究光谱图中的吸收线，可以得知某一恒星是由哪几种元素组成的。

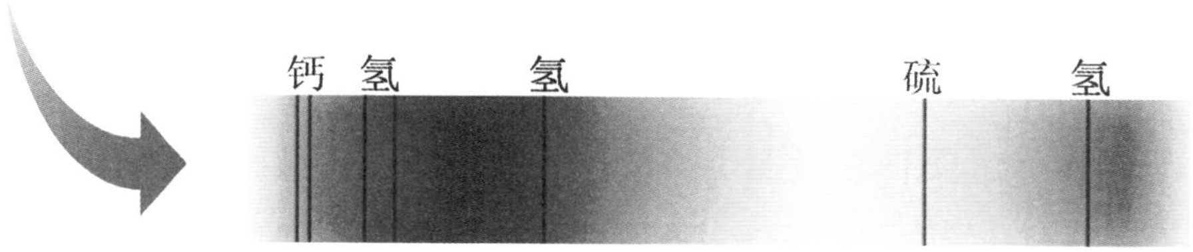

将恒星光谱图中吸收线的位置与实验室光源下同一吸收线位置相比较，可以知道该恒星相对地球运动的情况。

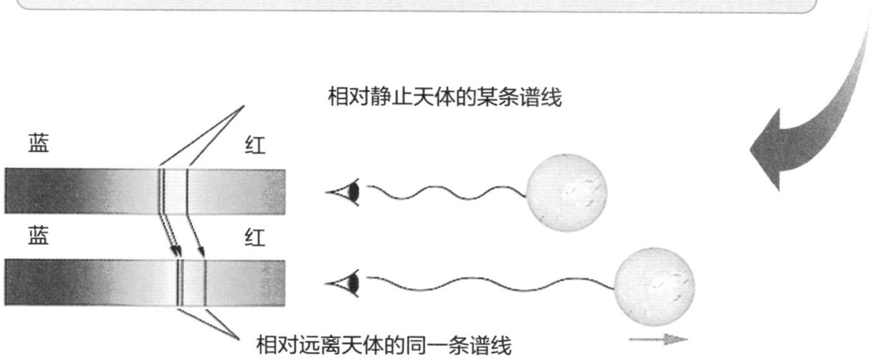

5

利用造父变星测量天体的距离

宇宙量天尺

在测量不知距离的星团、星系时，只要能观测到其中的造父变星，利用周光关系就可以将星团、星系的距离确定出来。因此，造父变星被人们誉为“量天尺”。

δ 型变星

仙王座紧挨北极星，与北斗星遥遥相对，我们全年都可看到这个星座，特别是秋天夜晚更是引人注目。仙王座中有许多变星，其中最著名的就是于 1784 年发现的 δ 星，我国古代称其为造父一。造父一最亮时是 3.5 星等，最暗时为 4.4 星等，它的光变周期非常准确，为 5 天 8 小时 47 分钟 28 秒。星等是一个表示星体亮度的概念，它的数值越大，星体越暗。

天文学家把此类星都叫作造父变星，它们的光变周期有长有短，但大多在 1—50 天之间，并以 5—6 天为最多。北极星也是一颗造父变星。天文学家发现这些变星的亮度变化与它们变化的周期存在着一种确定的关系，光变周期越长，亮度变化越大，并得到了周光关系曲线。

测量遥远天体的距离

根据这个性质，天文学家就找到了比较造父变星远近的方法，如果两颗造父变星的光变周期相同则认为它们的光度就相同。因此，只要用其他方法测量了较近造父变星的距离，就可以知道周光关系的参数，进而就可以测量遥远天体的距离。

假设有两颗周期相同、在地球上看起来亮度不同的造父变星，而且到看起来比较明亮的变星的距离是已知的，因为周期相同，所以两个变星的本来的亮度相同。如果较暗的变星的亮度是较亮的变星的亮度的 1/100，那么就可以得出到较暗的变星的距离是到明亮的变星距离的 10 倍。

使用造父变星来测量遥远天体的距离很方便。其他的测量方法还有利用天琴座 RR 变星以及新星等方法。

宇宙量天尺——造父变星

周光关系

周光关系指的是造父变星的光变周期与光度之间的一种关系。概括地说就是造父变星的光变周期越长，其光度也越大。

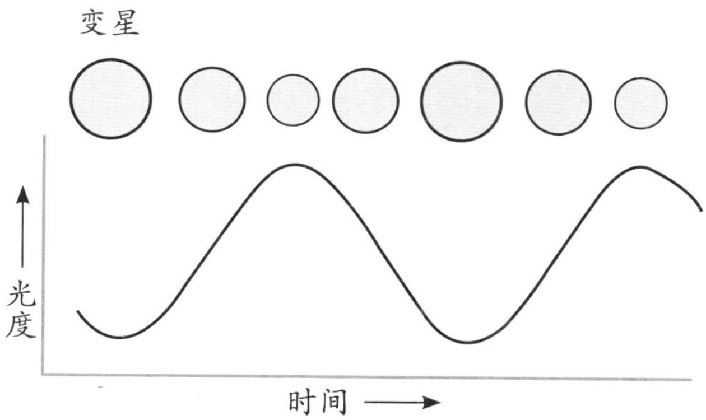

变星
光度
时间

造父变星是量天尺

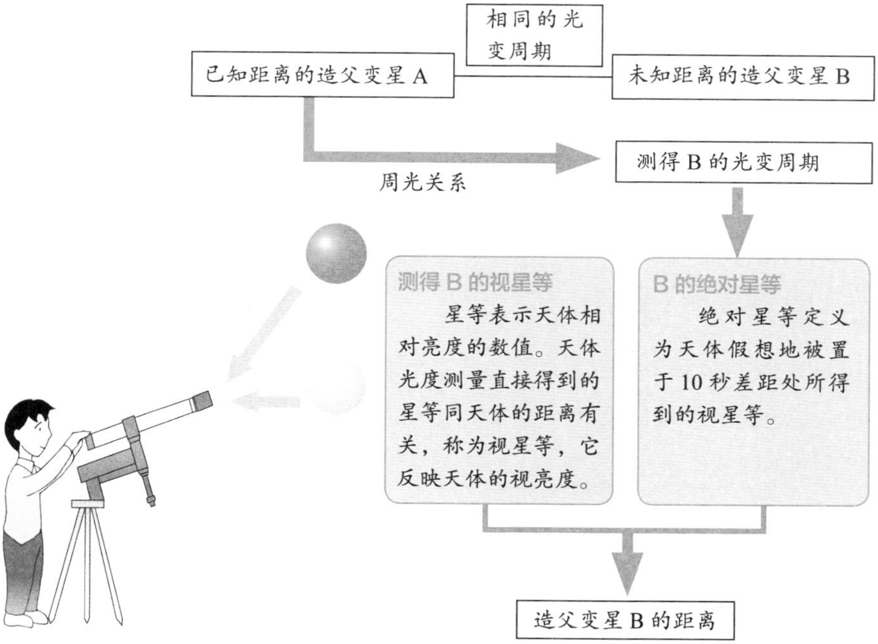

相同的光变周期
已知距离的造父变星 A
未知距离的造父变星 B
周光关系
测得 B 的光变周期
测得 B 的视星等
星等表示天体相对亮度的数值。天体光度测量直接得到的星等同天体的距离有关，称为视星等，它反映天体的视亮度。
B 的绝对星等
绝对星等定义为天体假想地被置于 10 秒差距处所得到的视星等。
造父变星 B 的距离

在测量不知距离的星团、星系时，只要能观测到其中的造父变星，利用周光关系就可以将星团、星系的距离确定出来。因此，造父变星被人们誉为“量天尺”。

仙女座星云在银河系之外

河外星系进入视野

1922—1924年期间，美国天文学家哈勃在分析一批造父变星的亮度以后断定，这些造父变星和它们所在的星云距离我们远达几十万光年，一定位于银河系外。这项于1924年公布的发现使天文学家不得不改变对宇宙的看法。

发现造父变星

1923年，哈勃在威尔逊山天文台用当时最大的2.5米口径的反射望远镜拍摄了仙女座大星云的照片，照片上该星云外围的恒星已可被清晰地分辨出来。为了明确到仙女座星云的距离，他尽量多地发现仙女座星云中的新星，然后决定它的平均亮度。所谓的新星是比超新星稍暗，在最终阶段爆炸发光的恒星。

在拍摄的照片中，哈勃找到了更有用的天体，他确认出第一颗造父变星。在随后的一年内，这样的造父变星哈勃一共发现了12颗。他还在三角座星云M33和人马座星云NGC6822中发现了另一些造父变星。接着，他利用周光关系定出了这三个星云的造父视差，计算出仙女座星云距离地球约90万光年，而银河系的直径只有约10万光年，因此证明了仙女座星云是河外星系，其他两个星云亦远在银河系之外。

河外星系进入视野

1924年底，哈勃在美国天文学会上宣布了关于河外星系这一重要发现。旋涡状星云是否是处于银河系外的天体系统的问题，最终得到解决，由此翻开了探索宇宙的新篇章。

接着，哈勃陆续发现其他河外星系，它们都与银河系一样，拥有自己的星团和新星等天体。哈勃建立起他的“岛宇宙”概念。从1925年起，哈勃开始研究河外星系的结构，并把它们分类。他认为，河外星系中有97%呈椭圆或旋涡状，其余3%为不规则星系。

仙女座“河外”星系

发现仙女座星云和我们的银河系的造父变星。

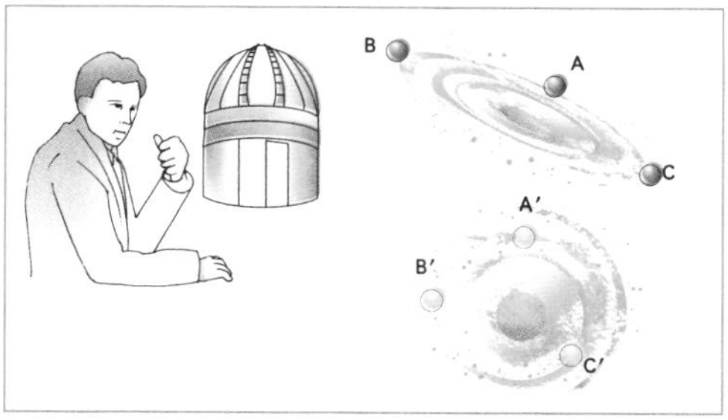

发现相同的光变周期的造父变星，意味着它们有相同的绝对星等。

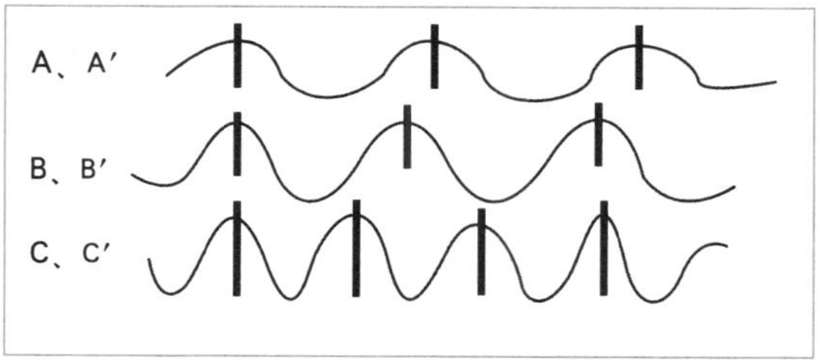

测得它们的视星等，然后做比较。

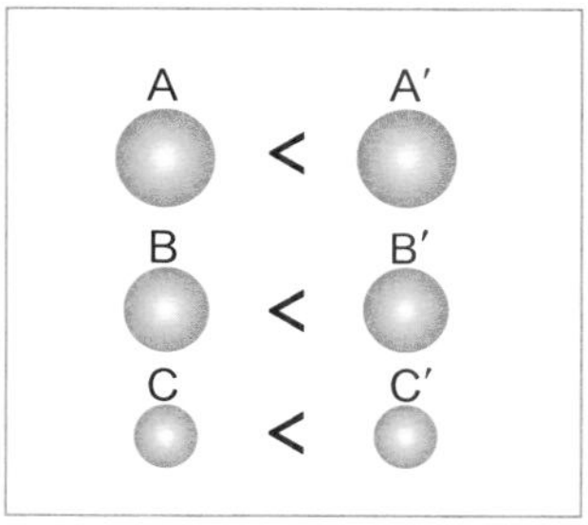

使用这些数据，推测出仙女座星云的距离是 90 万光年。 > 银河系的直径约有 10 万光年。

仙女座星云是仙女座星系，是银河系以外的星系。

7

离我们越远的星系，远离的速度越快

哈勃定律

哈勃定律揭示宇宙是在不断膨胀的，这种膨胀是一种全空间的均匀膨胀。因此，在任何一点的观测者都会看到完全一样的膨胀。从任何一个星系来看，一切星系都以自身为中心向四面散开，越远的星系间彼此散开的速度越快。

哈勃定律的产生

哈勃测量了斯莱弗发现的具有很快的视向退行速度的星系到地球的距离，发现了它们的距离和退行速度之间的特别关系，从而得出了著名的哈勃定律，即河外星系的视向退行速度 v 与距离 d 成正比：v = Hd。

哈勃定律又称哈勃效应，等式中的 H 称为哈勃常数。v 以千米 / 秒为单位，d 以百万秒差距为单位，H 的单位是千米 /（秒 · 百万秒差距）。哈勃定律有着广泛的应用，它是测量遥远星系距离的唯一有效方法。也就是说，只要测出星系谱线的红移，再换算出退行速度，便可由哈勃定律算出该星系的距离。

哈勃定律的发展

哈勃定律并没有马上得到世人的承认，因为哈勃只是观测了数千个星系中的 18 个，而且这 18 个星系并不是全部都在远离。于是他在助手哈马逊的帮助下，研究更多、更远的星系，观测它们到地球的距离与退行速度。到 1936 年，对 1929 年观测距离 40 倍远的星系进行了观测。结果确认了哈勃最初发现的距离与退行速度的比例关系是正确的。

哈勃常数 H 最初为 500，后来又进行了多次修订。现在，人们通常用 H0 表示哈勃常数的现代值，并把 H 称为哈勃参量。20 世纪 70 年代以来，许多天文学家用多种方法测定了 H0，但各家所得的数值很不一致，现在一般认为 H 值在 50—100 之间，只有当年哈勃测定值的几分之一。

大爆炸理论的证据

哈勃定律为宇宙大爆炸理论提供了一个有力的证据。

哈勃定律为这个问题提供了一个解法。

到底怎样才能算出大爆炸的尺度？

哈勃定律揭示宇宙是在不断膨胀的。在任何一点的观测者都会看到完全一样的膨胀。从任何一个星系来看，一切星系都以它自己为中心向四面散开。

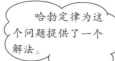

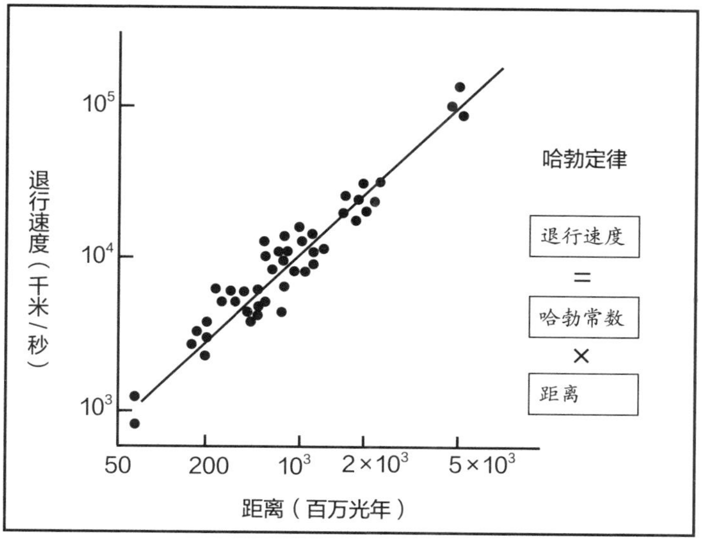

8

以光速远离的星系

看不见的宇宙尽头

用地球到星系的距离和星系的退行速度来确定哈勃系数，而一旦哈勃系数被承认，宇宙膨胀的观点被接受，就可以通过测量退行速度来推算地球到星系的距离。

哈勃常数

哈勃在 1929 年给出了哈勃常数的第一个数值，H_0=513 千米 /（秒 · 百万秒差距），即一个距离我们 100 万秒差距的天体，它的退行速度是每秒 513 千米（1 秒差距大约是 3.26 光年）。按照大爆炸理论，H_0 等于 50，意味着宇宙的年龄介乎 130 亿到 165 亿年之间。若 H_0 值是 100，就意味着宇宙年龄介乎 65 亿年到 85 亿年之间，而实际数字则取决于宇宙的物质密度。

直至 20 世纪 90 年代哈勃太空望远镜升空前，天文学家观测计算到的 H0 依然是介乎 50 与 100 之间。造成这样大的误差的主要原因有两个：一是退行速度的误差，虽然天文学家利用光谱及多普勒效应，已经很准确地找到个别星系的退行速度，但由于与邻近星系及星系团的引力作用，这个退行速度便不完全是因宇宙膨胀而产生；二是最重要的一个误差，就是距离量度的不确定。

宇宙的尽头

距离我们越远的星系，退行速度越快。当速度值达到每秒 30 万千米，即光速的时候，这个星系即使发再亮的光，我们也无法观测到它的存在了。因为退行速度大于等于光的传播速度之时，这个星系发出的光线永远也到不了地球。也就是说，我们能看到的宇宙的尽头，也就是以秒速 30 万千米远离的星系所在的地方。

看不见的宇宙尽头

根据哈勃定律，越远的地方的星系的退行速度越快，当距离远到一定程度，星系的退行速度越来越快。

当它快至以光速远离我们的时候，就意味着这个星系发出的光永远也到不了地球。

如果宇宙的年龄是科学家所说的137.3亿年，那么就意味着我们可观测的宇宙在137.3亿光年的地方达到尽头。

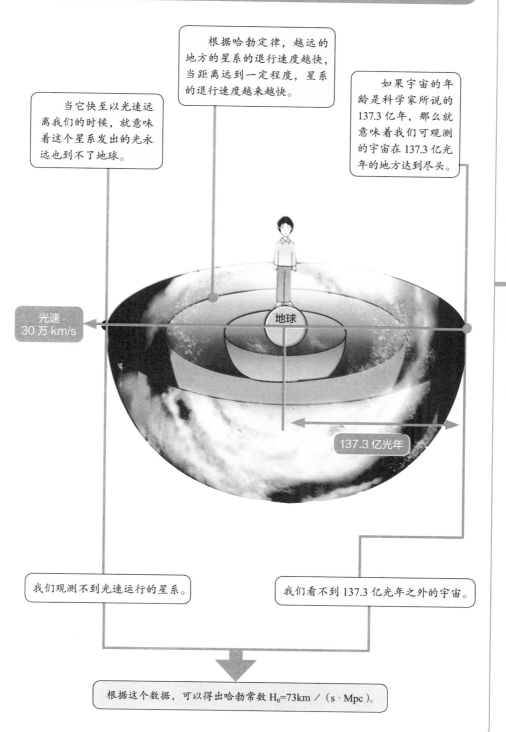

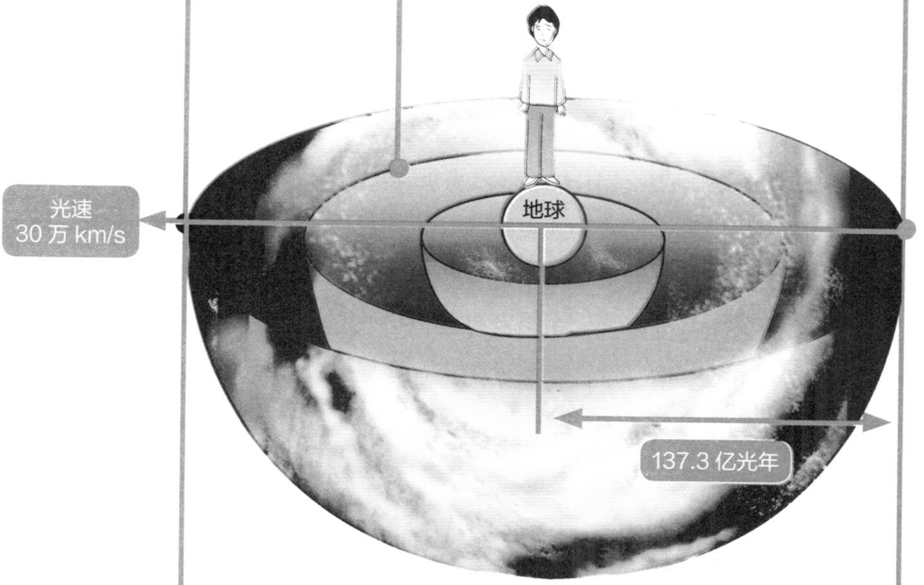

我们观测不到光速运行的星系。

我们看不到137.3亿光年之外的宇宙。

根据这个数据，可以得出哈勃常数 H_0=73km／（s · Mpc）。

9

看不见的暗物质

扎维奇的发现

现在，暗物质已成为当代宇宙学和粒子物理学中最重要的研究对象之一。但是暗物质是我们看不见的，那么科学家们又是如何发现这些看不见的物质的呢？

关于暗物质存在的推测

20世纪30年代，瑞士天文学家弗里兹·扎维奇首先预言了暗物质的存在。当时他正在对一个能看见的星系团——后发座星系团进行研究，并对星系团中星系的运动产生出兴趣。通过观测，扎维奇发现星系在星系团中高速运动着。我们知道，地球卫星的速度一旦大于第二宇宙速度，就会脱离地球，飞入宇宙空间。同样，还存在脱离太阳系的第三宇宙速度和脱离银河系的第四宇宙速度。

那么星系团中星系的运动速度过大，应该也会脱离星团而飞向宇宙。而这个宇宙速度同样可以根据星系团的总质量算出。但是，扎维奇发现，后发座星系团中星系的运动速度要远大于由该星系团可见星体的总质量算出的飞出宇宙的临界速度。也就是说，星系在星系团内的运动太快，光靠我们看到的星系团物质的引力不能将它们束缚住。由此，扎维奇推测，在后发座星系团存在看不见的物质，这些看不见的物质的质量应该是该星系团恒星质量的10—100倍。

银河系也有暗物质

到了20世纪50年代，天文学家根据银河系的自转轮廓，推算出了银河系的质量。然而，他们发现这个值要远大于通过光学望远镜发现的所有发光天体的质量之和。因此，科学家们判断，银河系中也有此前人类没有发现的物质，并给这类物质起了一个普遍化的名称——暗物质。

后来几十年间，对宇宙整体的研究也表明，星际空间深处隐藏着多得多的能将星系束缚在星系团中的暗物质，其总质量可能是可见物质的10—100倍。

暗物质的预测

20 世纪 30 年代，瑞士天文学家弗里兹·扎维奇发现，在星系团中，看得见的星系只占总质量的 1/300 以下，而 99% 以上的质量是看不见的。他预测了暗物质的存在。

科学家认为，通过测量星系外围物质转动的速度可以估算出星系范围内的总质量。计算的结果发现，星系的总质量远大于星系中可见星体的质量总和。据此推测，暗物质约占物质总量的 20%—30%。

UGC10214 星系是天文学家们发现的一个典型，它的物质不停地向外围流出，但又看不到别的星系存在于它周围。所以猜测在该星系的旁边存在着一种“暗星系”。

重子?
重子可以分成两类，一类被称为核子，即质子、中子、反质子和反中子。另一类被称为超子，这类重子比核子重。

中微子?
一种与其他粒子只具弱相互作用，穿透力却超强的粒子。

轴子?
暗物质构成粒子之一。它的质量可以为任何值。

弱相互作用重粒子?
暗物质构成粒子之一，是一种中性、重质量的弱相互作用粒子。

暗物质是什么？目前，科学家们已经预测出了一些组成暗物质的可能粒子。

10

完全宇宙学原理

稳恒态宇宙学模型

在伽莫夫提出大爆炸理论的同一年，稳恒态宇宙学也被三位英国天文学家提出，而且在当时，这个观点比大爆炸理论更有人气。

完全宇宙学原理

1948年，几位年轻的天文学家赫尔曼·邦迪、拖马斯·戈尔德和弗雷德·霍伊尔，以哈勃定律的发现和宇宙膨胀的观测事实为支撑，提出了“完全宇宙学原理”。他们认为，既然时空是统一的，那么天体的大尺度分布不仅在空间上是均匀的和各向同性的，在时间上也应该是不变的。也就是在任何时代、任何位置上观测者看到的宇宙图像在大尺度上都是一样的，这一原理称为“完全宇宙学原理”。

永恒不变的宇宙

根据完全宇宙学原理，物质的分布不仅在空间上是常数，而且不随时间变化。而宇宙空间的膨胀在时间和空间上都是均匀的。也就是说，宇宙空间在膨胀，而物质的分布却并不随着时间变化、密度不会发生变化。可是我们知道，星系之间的距离增大，其分布状况就会变得稀疏，若要保持密度不变，就需要有新的星系填补因宇宙膨胀而增大的空间。

稳恒态宇宙学模型认为，宇宙在大尺度下任何时候都是一样的。新的物质在宇宙各处不断地被创造出来，来填补宇宙因膨胀产生的空间。这种状态从无限久远的过去一直延续至今，并将永远继续下去。而新物质的创生速率为，每100亿年中，在1立方米的体积内大约创生1个原子。

尽管稳恒态宇宙学模型有很多吸引人的特点，却很容易遭受观测事实的质疑或反驳。1965年，宇宙微波背景辐射的发现使这一理论基本上被否定了。

永恒不变的宇宙

英国天文学家弗雷德·霍伊尔（右）、赫尔曼·邦迪（中）及托马斯·戈尔德（左）在1948年后提出了稳恒态宇宙学模型。这是一门形式美妙的理论，充满了纯哲学的观念。

该理论认为，宇宙并不是在某个瞬间诞生的，而是一直存在的，是无限和永恒的。

和大爆炸理论中的宇宙一样，稳恒态宇宙也是在自发地持续地膨胀着。

星系之间相互远离，并不断被新的星系取代，而新的星系则是由自发诞生的粒子组成的，这些粒子来自虚无，并受到一种未知规律的支配。

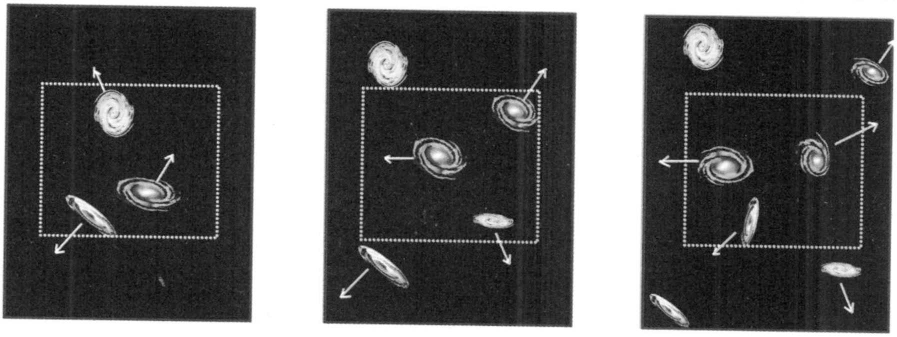

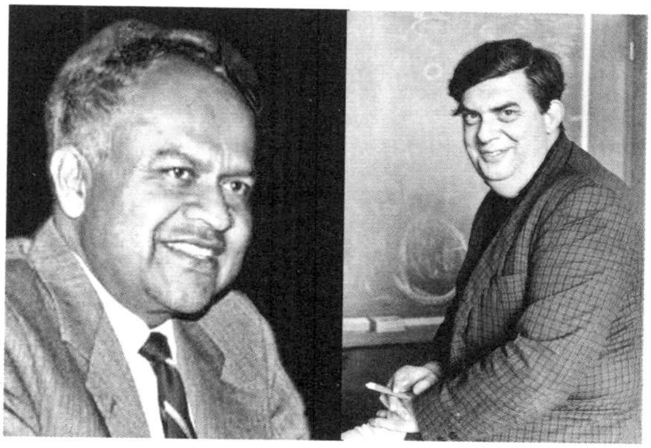

这一理论在今天有了一个变相的继承者，即所谓的准稳恒态宇宙论，是由印度人贾扬·纳利卡尔（左）和美国人乔弗雷·伯比奇（右）于2000年提出的。宇宙仍然是永恒的，而不是在某个瞬间被创造出来的，但它持续在密度和温度两个临界相之间摇摆，经过巧妙的构思，使这一理论与实际观测结果“完美吻合”……

11

大爆炸理论的先驱

弗里德曼和勒梅特

在哈勃发现宇宙膨胀之前就有人预言了宇宙在膨胀——他们是俄罗斯的气象学家、数学家弗里德曼和比利时的天文学家、神父勒梅特。

标准宇宙学模型

1922年，俄裔的弗里德曼根据爱因斯坦的广义相对论，建立了弗里德曼宇宙模型，或称为标准宇宙学模型。这个模型认为，宇宙在膨胀，并可能有两种结果，一种是会无限膨胀下去，另一种则是宇宙膨胀到最大程度后，又开始收缩，最后所有的星系又都挤在一起。

弗里德曼还引入了一个参量，即宇宙平均物质密度。如果宇宙平均物质密度小于临界密度，物质的引力不够大，宇宙将无限膨胀下去，最后星系以稳恒的速度相互离开；若二者相等，宇宙刚好避免坍塌，星系分开的速度越来越慢，趋向于零，而永远不为零；宇宙平均物质密度大于临界密度，膨胀就转为收缩。

弗里德曼揭示了宇宙可能的动态变化，为大爆炸学说打下了理论基础。

“宇宙蛋”和“超原子”

1927年，比利时的勒梅特提出现代大爆炸假说。他指出宇宙是膨胀的，这与几年前弗里德曼的发现相同，而勒梅特又特别指出了星系可能是能够显示宇宙膨胀的“实验粒子”。原始的宇宙是挤在一个“宇宙蛋”之中，这个“宇宙蛋”容纳了宇宙的所有物质。一场“超原子”的突变性爆炸把它炸开，经过几十亿年的时间，形成了现在还在退行的星系。

勒梅特的思想在当时并未产生很大影响，但却被后来的伽莫夫所重视。伽莫夫和他的同事们按照勒梅特和弗里德曼的思路进行研究，终于使大爆炸理论被人们所熟知。

费里德曼模型

费里德曼模型的一个假设前提是宇宙物质在大尺度上均匀分布并且各向同性，是一种最简单的宇宙膨胀模型。

气球上的星系

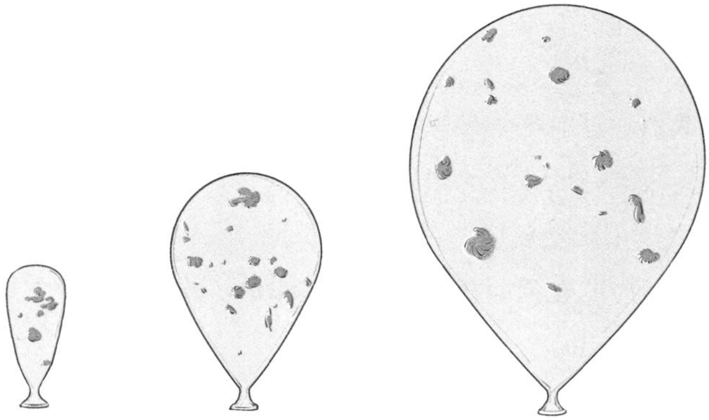

我们以画在气球上的星系图样来描述这种宇宙膨胀方式。随着气球的不断膨胀，星系远离速度和相互之间的距离也会不断增大。在这种宇宙模型中是不存在中心的，任何一个星系都不能称为中心。

大爆炸理论的先驱

弗里德曼根据爱因斯坦的广义相对论推测出宇宙是不稳定的，最小的扰动也会使它膨胀或收缩。他得到了宇宙在膨胀这一结论。

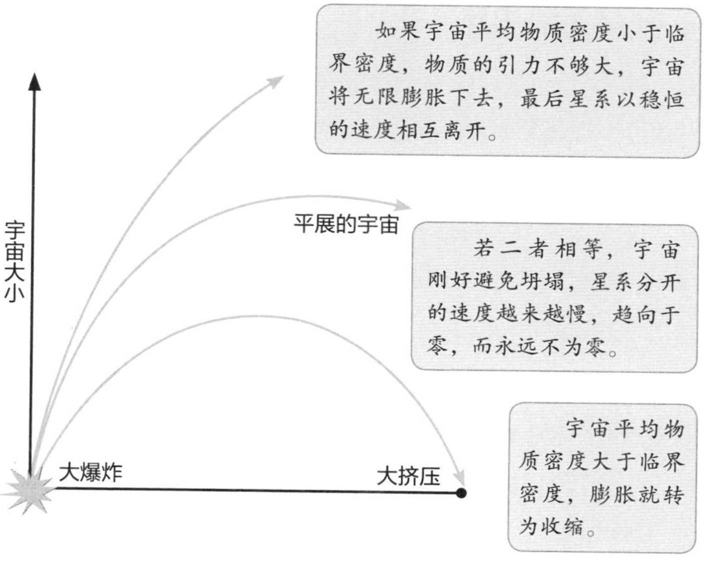
如果宇宙平均物质密度小于临界密度，物质的引力不够大，宇宙将无限膨胀下去，最后星系以稳恒的速度相互离开。
平展的宇宙
宇宙大小
若二者相等，宇宙刚好避免坍塌，星系分开的速度越来越慢，趋向于零，而永远不为零。
宇宙平均物质密度大于临界密度，膨胀就转为收缩。
大爆炸
大挤压

12

大爆炸的闪现

氢弹实验和伽莫夫假想

其实除了恒星内部，还有能生成氦的场合，那就是氢弹爆炸的时候。氢弹正是利用核聚变的原理制成的。

氢弹的原理

氢弹是一种毁灭性的武器，其原理就是氘和氚的核聚变反应。因必须在极高的压力、温度条件下，氢核才有足够的动能去克服静电斥力而发生持续的聚变，因此，聚变反应也称“热核聚变反应”或“热核反应”。氢弹也称为热核弹或热核武器。氢弹的聚变反应能在瞬间释放出巨大的能量，其威力相当于几十万至几千万吨 TNT 炸药发生爆炸。

1942 年，美国科学家在研制原子弹的过程中，推断原子弹爆炸提供的能量有可能点燃轻核，引起聚变反应，并想以此来制造一种威力比原子弹更大的超级弹。1952 年，在太平洋的艾路基抗伯小岛上，美国爆炸了第一颗氢弹。之后从 20 世纪 50 年代初至 60 年代后期，美国、俄国、英国、中国和法国都相继研制出了氢弹。

伽莫夫的假想

伽莫夫曾担任美国的军事顾问，他是氢弹的提案者，并在氢弹的研究开发上作出了重要的贡献。氢弹的爆炸是人为地制造出一个超高温、超高密度的环境，使聚变反应得以产生，并生成氦原子的过程。伽莫夫从氢弹实验中得到启发，形成了关于宇宙最初的元素的形成过程的假想，他认为宇宙也是从一个超高温、超高密度的“火球”开始的，并且以此来解释宇宙氦丰度的观测数据如此之高的原因。

有人要问，如果宇宙大爆炸真的发生过，那爆炸留下的痕迹是什么？根据伽莫夫的假想，现在宇宙超过 1/4 的氦丰度就是那团“火球”的遗痕。

氢弹的原理

氢弹就是利用装在其内部的一个小型铀原子弹爆炸产生的高温引爆的核聚变。反应过程中放出巨大的能量，杀伤力非常恐怖。

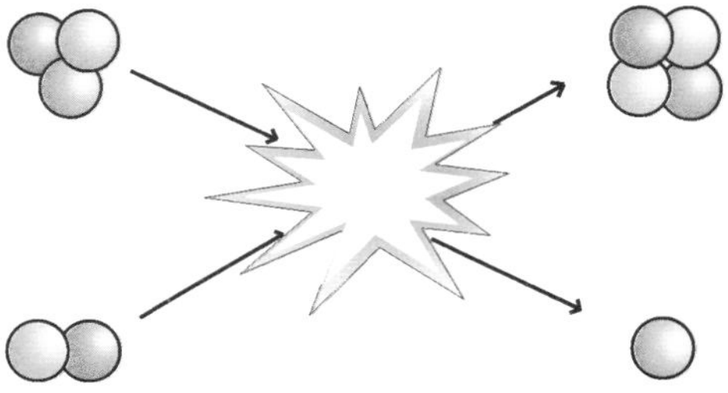

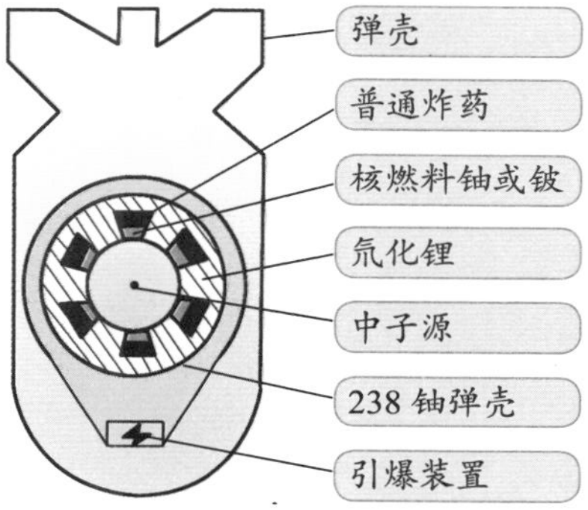

大爆炸刚开始，由于高温高密度，粒子无法以我们现在所知的物质形式出现。然而宇宙的温度随着它的膨胀而下降，运动速度减慢的粒子在各种力的影响下很快“黏结”在一起。

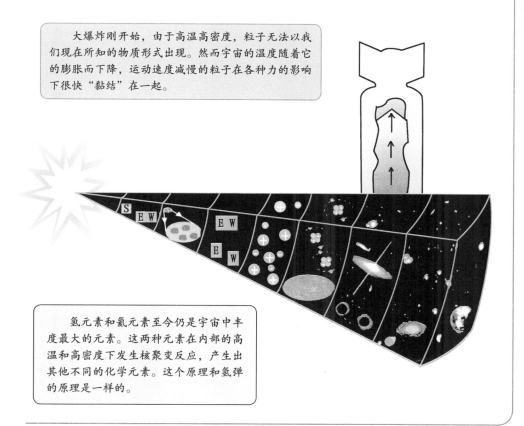

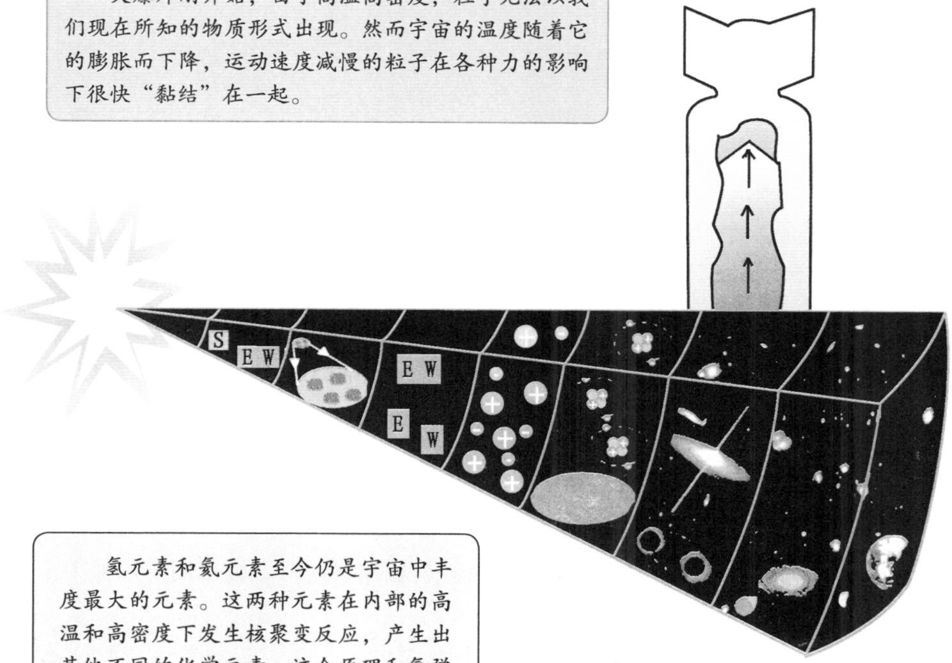

氢元素和氦元素至今仍是宇宙中丰度最大的元素。这两种元素在内部的高温和高密度下发生核聚变反应，产生出其他不同的化学元素。这个原理和氢弹的原理是一样的。

13

挥之不去的噪声

解开宇宙之谜的电波

对大爆炸理论看法的改变起决定性作用的证据，是在1965年发现的宇宙微波辐射。然而这个发现却是在无意间得到的。

挥之不去的噪声

美国贝尔实验室建立了一座高灵敏度微波天线，用于卫星通信实验。实验结束后，贝尔电话公司年轻的工程师阿诺·彭齐亚斯和罗伯特·威尔逊希望用它做一些射电天文研究。在正式开始研究以前，他们决定先进行严格的测试和校准。他们调试那巨大的喇叭形天线时，出乎意料地接收到一种无线电干扰噪声。

这些噪声是不是附近的城市噪声？他们把天线对向纽约，结果没发现任何特别的状况，这意味着这种频率的噪声并非来自纽约。之后，他们发现，不管把天线对着哪个方向，烦人的噪声总是挥之不去，即使把天线指向太空，噪声依然存在。

“误打误撞”得来诺贝尔奖

在一番波折之后，彭齐亚斯和威尔逊知道了测听到的电波杂音来自遥远的宇宙，但是依旧不能确定这些噪声究竟是什么。这时，彭齐亚斯听说普林斯顿大学有一个正在研究宇宙早期残余辐射的小组，便打了电话过去。当时，这个小组由迪基教授领导，接了彭齐亚斯的电话后，经过讨论，他们一致认为贝尔实验室测到的挥之不去的噪声正是他们要寻找的辐射。

之后，彭齐亚斯和威尔逊向《天体物理学》杂志投送了一篇论文，他们为这篇文章起了一个非常朴素的标题：“4080兆赫处额外天线温度的测量”。在文中，他们正式宣布了他们的发现，但并没有对这一发现作任何宇宙学意义上的解释。

1978年，彭齐亚斯和威尔逊获得诺贝尔物理学奖，以表彰他们发现了宇宙背景微波辐射。

来自宇宙的电波杂音

彭齐亚斯和威尔逊接收到的噪声不是来自城市，也不是来自住在天线中的鸽子，他们得出结论，这个杂音来自遥远的宇宙。

威尔逊

彭齐亚斯

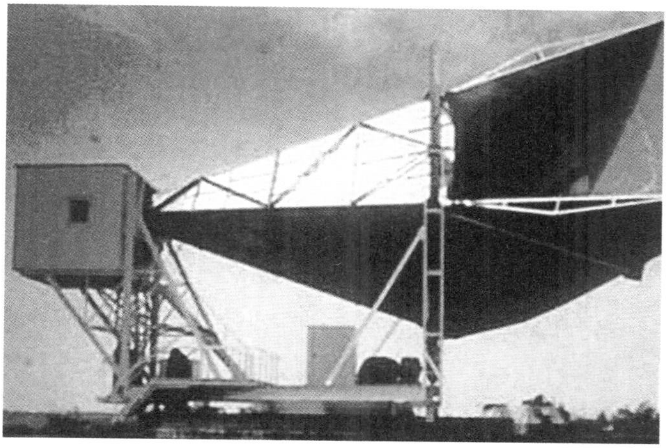
发现微波背景辐射的天线

彭齐亚斯和威尔逊“误打误撞”发现来自宇宙的电波杂音，即宇宙背景微波辐射。1978 年，彭齐亚斯和威尔逊因此获得诺贝尔物理学奖。

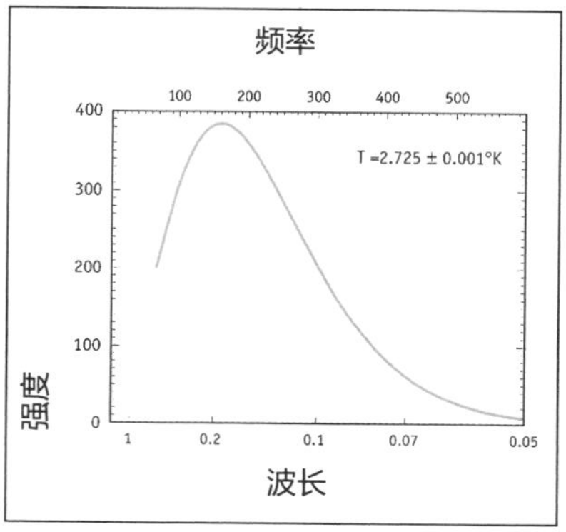

来自宇宙的声音

COBE 卫星与 WMAP 卫星（精度是前者的 10 倍）所拍摄到的宇宙辐射背景图像，显示出不同位置的背景辐射温度相差只有 1/100000 左右，这解释了宇宙初期物质分布不均匀的现象。宇宙就是在这些微小的差异中演化出大规模的结构。

14

大爆炸强有力的证据

宇宙微波背景辐射

宇宙微波背景辐射的发现在近代天文学上具有非常重要的意义，它给了大爆炸理论一个有力的证据，并且与类星体、脉冲星、星际有机分子并称为20世纪60年代天文学“四大发现”。

具有黑体辐射谱

微波背景辐射的最重要特征是具有黑体辐射谱，在0.3—75厘米波段，可以在地面上直接测到；在大于100厘米的波段，银河系本身的超高频辐射掩盖了来自河外空间的辐射，因而不能直接测到；在小于0.3厘米波段，由于地球大气辐射的干扰，也要依靠气球、火箭或卫星等空间探测手段才能测到。从0.054厘米直到数十厘米波段内的测量表明，背景辐射是温度近于2.725K的黑体辐射，习惯称为3K背景辐射。

黑体谱现象表明，微波背景辐射是极大的时空范围内的事件。因为只有通过辐射与物质之间的相互作用，才能形成黑体谱。而现今宇宙空间的物质密度极低，辐射与物质的相互作用极小。也就是说，我们今天观测到的微波背景辐射必定起源于很久以前。

各向同性

微波背景辐射的另一特征是高度的各向同性。首先是小尺度上的各向同性：在小到几十弧分的范围内，辐射强度的起伏小于0.2%—0.3%。其次是大尺度上的各向同性：各个不同方向辐射强度的涨落小于0.3%。这个微小的涨落起源于宇宙在形成初期极小尺度上的量子涨落，它随着宇宙的暴涨而放大到宇宙学的尺度上，并且正是由于温度的涨落，才造成宇宙物质分布的不均匀性，最终得以形成诸如星系团等的一类大尺度结构。

大爆炸强有力的证据

背景辐射

宇宙微波背景辐射是大爆炸的遗痕，就如同爆炸产生的回声般，为大爆炸宇宙模型提供了有力的证据。

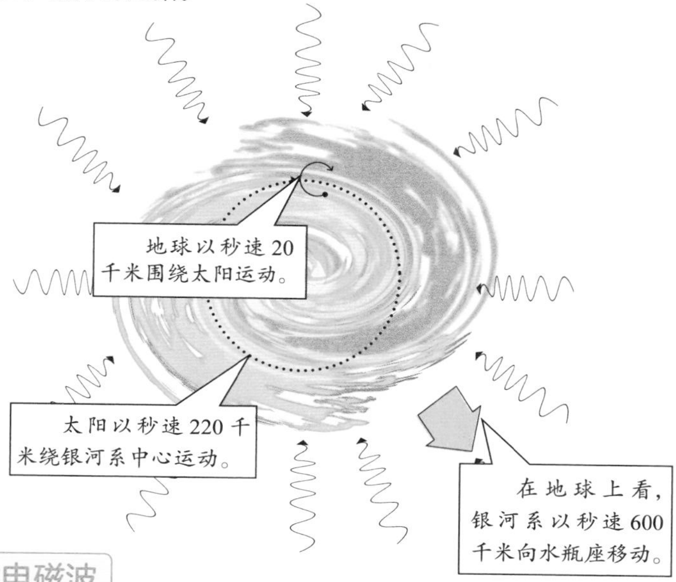

地球以秒速20千米围绕太阳运动。
太阳以秒速220千米绕银河系中心运动。
在地球上看，银河系以秒速600千米向水瓶座移动。

宇宙中的电磁波

电磁波是电磁场的一种运动形式。变化的电会产生磁场，变化的磁场同样会产生变化的电，二者互为因果、不可分割，共同构成了电磁场。

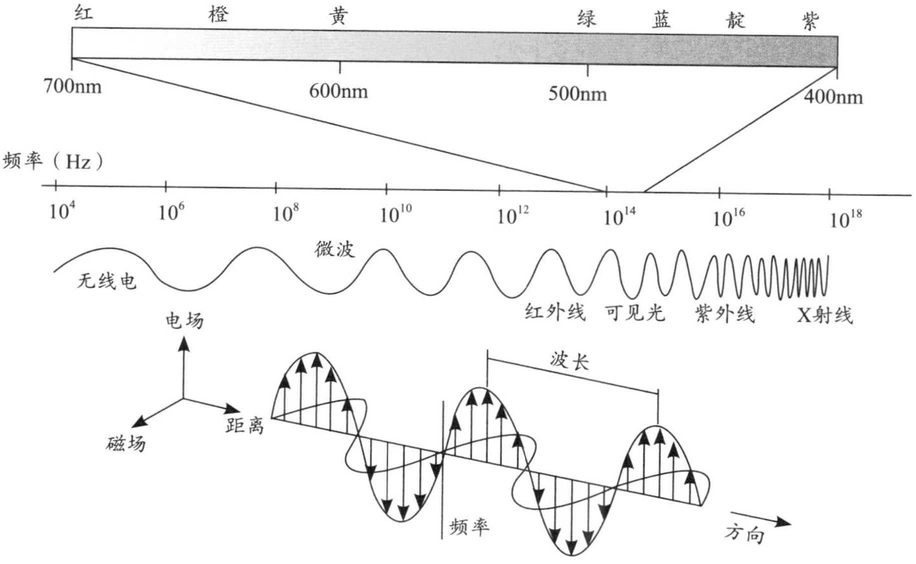

15

大爆炸真的存在吗

大爆炸之前发生过什么

证明大爆炸是否存在，也能够直接解答时间是否有起点这一问题。许多人难以接受时间开始于过去某一刻，因此否定大爆炸的理论曾经拥趸众多。

大爆炸之前

我们现在全部的科学理论体系都有一个共同的理论基础，那即是我们所处的时空是光滑且平直的。如果去除这一前提，所有的理论都必将进行一番必要的完善。因此，对于大爆炸奇点处的性质，我们的理论一直都显得保守得多。就现代科学而言，我们无法推知大爆炸之前发生过什么事情。假如大爆炸之前发生过什么事情，那么大爆炸也会将那时发生的事情和现在发生的事情之间的联系割断。大爆炸之前的事情对现在不会有任何影响，将这一部分纳入宇宙模型并没有多少意义。据此，我们认为时间是有起点，并且起点就在大爆炸瞬间。

“兼容”的理论

叶夫根尼·利夫希茨和伊萨克·哈拉特尼科夫是两位俄国科学家，他们将星系随机的运动形式以及特殊性质考虑在内进行了一种新的尝试，提出了与费里德曼模型相类似的理论。在这种理论中，具有大爆炸奇点的宇宙模型只是一类非常少的宇宙演化形式，而另一类不具有大爆炸奇点的宇宙演化形式非常多。后来，他们发现在费里德曼模型中，其实星系并非必须按照某种特定方式运动，因此放弃了这种理论尝试。

利夫希茨和哈拉特尼科夫证明大爆炸不存在的尝试最终证明：如果广义相对论正确的话，宇宙中可能存在过一个奇点。但他们却未能说明我们存在的宇宙是否存在过大爆炸，时间是否有起点。

宇宙的起点

正如黑洞无毛一样，关于宇宙诞生之前到底发生过什么，我们难以得知。西方有一个著名的笑话："上帝在创造奇点前在做什么？""他在为追问者准备地狱。"但关于奇点之前发生的事仍然存在着许多猜想。

经典时空结构

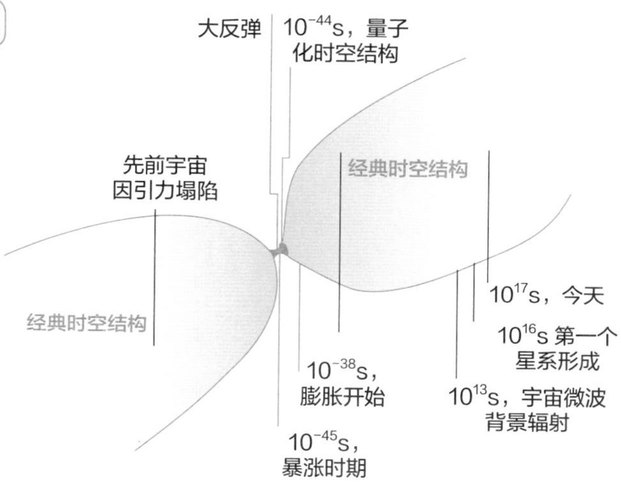

膨胀的宇宙

按照大反弹理论，宇宙将会由于引力崩塌，直到其密度达到理论允许的最高密度，然后再发生反弹。在这一点上，宇宙将在反弹后再次膨胀，最终形成了一个循环的宇宙。

光锥理论

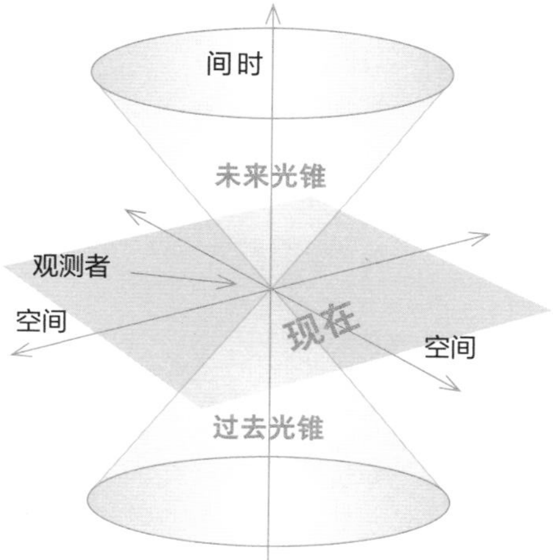

光锥可以看作是一束光随时间演化的轨迹。在三维空间中，光锥可以通过将两条正交的水平轴取做空间坐标，将垂直于水平面的竖直轴取做时间坐标，表示了光随着时间演化可能的轨迹。

光锥的概念同样可以扩展到广义相对论中，这时的光锥可以定义为一个事件的因果未来和因果过去的边界，并包含了这个时空中的因果结构信息。由于在广义相对论中时空可以是弯曲的，所以光锥也有可能是收缩或倾斜的。

第三章

黑洞

我们如何区分过去和未来？我们如何感受时间的流逝？科学定律又是怎样界定时间是往前还是往后？时间箭头区别了过去和未来。关于时间机器的研究渐渐成为热门话题，时间本身巨大的魅力毫无疑问是主要原因。同时，探寻时间机器本身可能性的活动将对我们深入理解时空和宇宙有重大帮助。

本章关键词

热大爆炸模型　暴胀理论　大统一理论

时间有没有尽头？

——霍金

◇ 图版目录 ◇

恒星的演化

质量大小决定恒星的结局

黑洞作为宇宙中的一种大质量天体，有着多种的形成过程，其中一部分黑洞便是来源于大质量恒星。

燃烧的恒星

恒星始于气体云，大量的气体在自身引力的作用下坍缩形成恒星。随着气体的密度越来越大，气体原子运动速度变大，相互碰撞，气体温度升高，最终氢原子之间发生核聚变反应形成氦核，释放热量与光线。产生的热量使气体原子受到向外的力，这种力逐渐增大，直到与气体分子引力相平衡，此时恒星便不再收缩。

恒星在很长一段时间会维持在这一种状态，等到内部燃料耗尽的时候再次坍缩塌陷。我们的太阳还能够燃烧 50 亿年左右，但质量比太阳更大的恒星则只能燃烧相对较少的时间。这是因为，恒星的质量越大往往意味着恒星的体积就越大，所以燃料消耗的速度会更快，寿命较短。

不同质量的演化结局

恒星的总质量是决定恒星演化和其最终命运的主要因素。天文学家以质量为标准将恒星分成不同的群组，质量少于 0.5 太阳质量的恒星，直接成为白矮星；低质量恒星（质量超过 0.5 太阳质量，但未超过 1.8—2.2 太阳质量）会依据它们的组成演化进入渐近巨星分支，演化出简并的氦核；中等质量恒星经历氦聚变，会演化出简并的碳—氧核；大质量恒星的质量（7—10 太阳质量及以上，有时为 5—6 太阳质量）后期经过碳融合，以核心坍缩爆炸结束一生。

恒星演化论

恒星演化论，是天文学中关于恒星在其生命期内演化的理论，该理论认为恒星的质量大小决定了恒星的演化过程和最终命运。由于单一恒星之演化通常长达数十亿年，人类不可能完整观测，目前的理论仍有部分是推测的假说。

恒星的演化

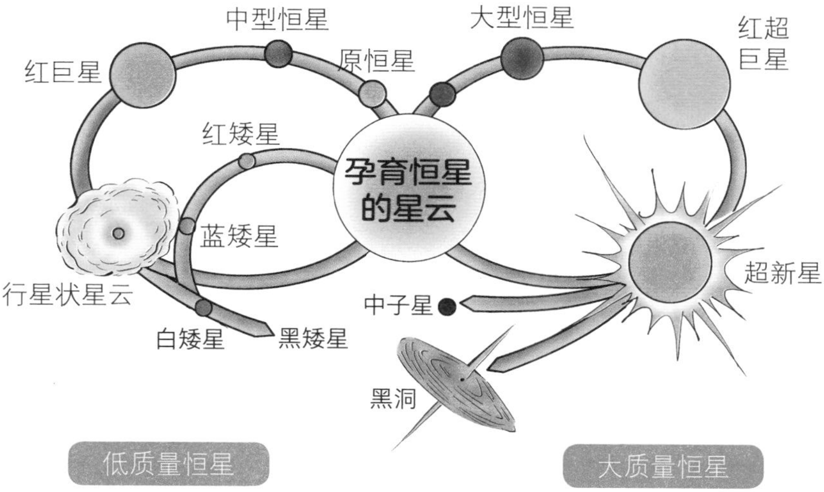

恒星的总质量是决定恒星演化和其最终命运的主要因素。恒星的直径、温度和其他特征在恒星的不同生命阶段都会变化，而恒星周围的环境也会影响其运动。

太阳的演化

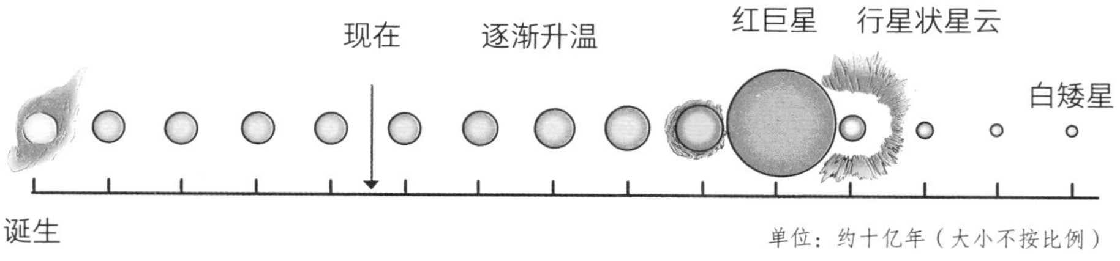

恒星的演化可分为四大阶段：引力收缩阶段、主序星阶段、巨星阶段和晚期阶段。太阳质量小于钱德拉塞卡极限，所以会演化进入稳定的白矮星阶段。

质量分界线

钱德拉塞卡极限

在考虑到引力作用以及泡利不相容原理之后，苏布拉马尼扬·钱德拉塞卡于 1928 年提出了决定恒星命运的质量界限——钱德拉塞卡极限。

泡利不相容原理

简单来说，泡利不相容原理说的是在原子中不可能容纳运动状态完全相同的两个或两个以上的电子。电子除空间运动状态外，还有一种状态叫作自旋。电子自旋是电子的固有属性（内秉属性），是空间外的另一个维度的物理量，不同于球体的旋转。电子自旋有两种状态，常用上下箭头表示自旋状态相反的电子。这一原理由沃尔夫冈·泡利首先提出的，以其名字命名为泡利不相容原理。

钱德拉塞卡极限

苏布拉马尼扬·钱德拉塞卡是一位印裔美籍物理学家和天体物理学家，他在天体物理学的主要贡献在于，考虑了质量多大的恒星在全部能量消耗完之后还可以对抗自身引力而存在下来。

恒星在消耗完能量之后会由于引力作用进行塌缩，物质粒子会离得非常近。可是到底会离得有多近呢？根据泡利不相容原理，两个物质粒子不可能同时占有相同的位置。据此，钱德拉塞卡认为，极度紧密的粒子之间的速度一定非常大，这使得粒子相互远离，并可以充当斥力平衡掉彼此之间的引力，而恒星的直径将维持不变。钱德拉塞卡通过计算发现，当一颗无能源恒星的质量大于约 1.5 倍太阳质量时，这颗恒星便不能够维持平衡状态，这个质量便是钱德拉塞卡极限。

白矮星与中子星的形成

白矮星和中子星作为恒星演化的两种最终状态，由于维持它们各自不进行引力塌陷的力不同，所以才有了这样的名字。

质量小于钱德拉塞卡极限的恒星最终会停止收缩，并进入一种稳定的状态。这类恒星依靠自身物质中电子间的不相容原理的斥力来与物质之间的引力相平衡。

半径几千千米，密度每立方厘米数百吨。

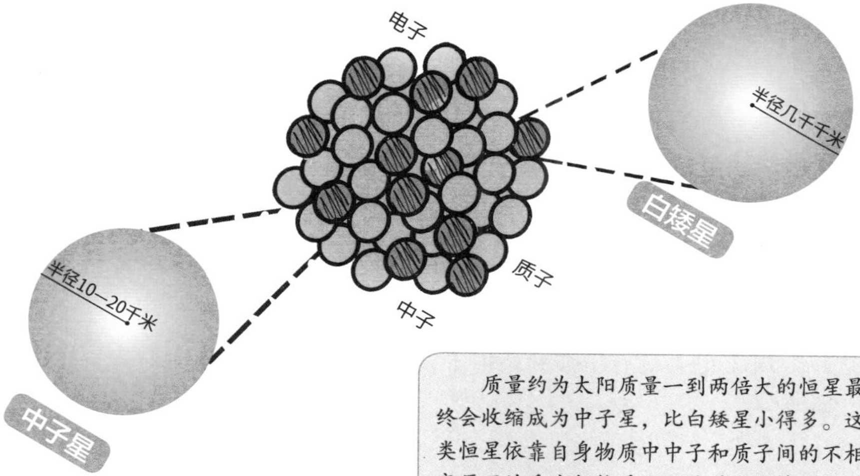

质量约为太阳质量一到两倍大的恒星最终会收缩成为中子星，比白矮星小得多。这类恒星依靠自身物质中中子和质子间的不相容原理的斥力与物质之间的引力保持平衡。

半径 10—20 千米，密度每立方厘米数亿吨。

太阳质量 0.08—4 的恒星内部演化

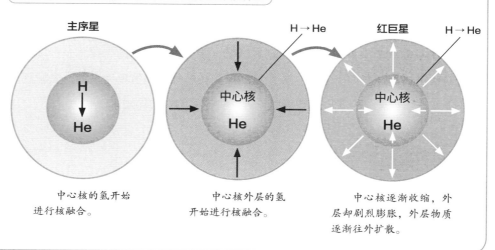

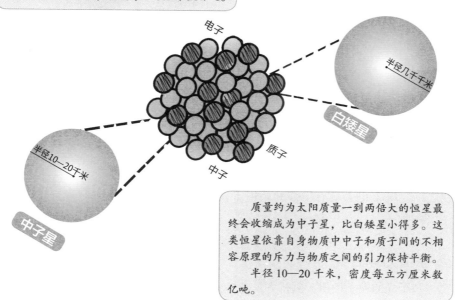

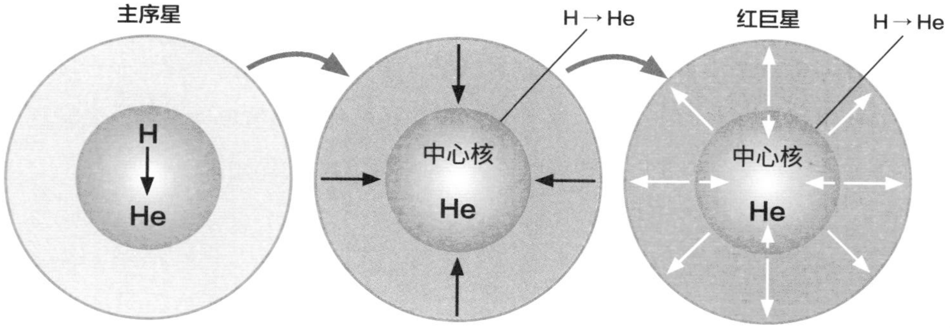

中心核的氢开始进行核融合。

中心核外层的氢开始进行核融合。

中心核逐渐收缩，外层却剧烈膨胀，外层物质逐渐往外扩散。

引力对光的影响

强引力作用下的光

按照万有引力的观点，引力作用于两个质点之间，因此引力能否对光发生作用这一问题就变得非常有趣。随着对于光性质的一步步揭秘，这一问题的答案也变得越来越明晰。

光的波粒二象性

光的波动说与微粒说之争从17世纪初笛卡尔提出的两点假说开始，至20世纪初以光的波粒二象性告终，前后共持续了三百多年的时间。正是论战双方的牛顿、惠更斯、托马斯·杨、菲涅耳等多名科学家共同努力才揭示了光的本质。

现在我们认为，光既能像波一样向前传播，同时有时又会表现出粒子的特征，光的这种性质称为光的波粒二象性。波粒二象性是微观粒子的基本属性之一。电子也会具有干涉和衍射等波动现象，电子衍射试验证明了电子的这一性质。

强引力场作用

基于光的粒子性质，剑桥大学的一位教师约翰·米歇尔曾于1783年在《伦敦皇家学会哲学学报》上发表论文指出，如果恒星的质量与密度足够大，那从恒星上本将发出的光也会同炮弹一样回落到恒星之上，因为恒星巨大的质量以及密度产生的强引力场使得光也难以挣脱。

米歇尔认为宇宙中大量存在这类恒星，并且由于它们的光线总是难以挣脱自身引力，因此我们看不到这类恒星。现在我们称此类恒星为黑洞，黑洞虽然不能发出可见光，但我们仍然可以通过探测他们的引力作用来了解黑洞。

光的波粒二象性

光的波粒二象性简单说就是光既具有波动特性，又具有粒子特性。科学家发现光既能像波一样向前传播，有时又会表现出粒子的特征。波粒二象性是微观粒子的基本属性之一。

光的波动性质

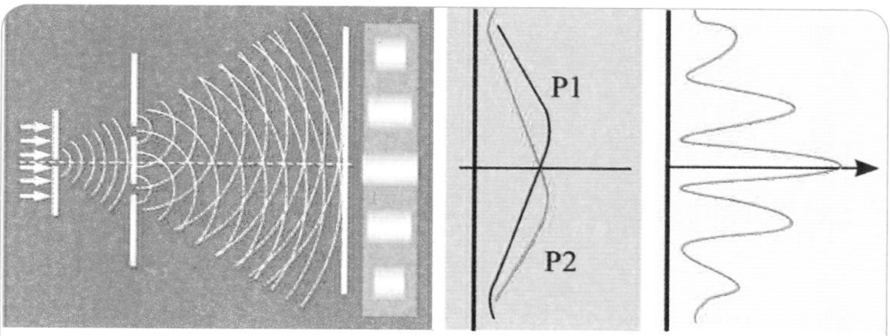

双缝实验

1807 年，托马斯 · 杨第一次描述了双缝干涉实验：点光源发出的光（或水波），作为一种波，在抵达狭缝后发生叠加，即干涉。叠加后的波在不同位置上的振幅有规律地增加或减小，便会在观测屏幕上形成相间的干涉条纹。

光的粒子性质

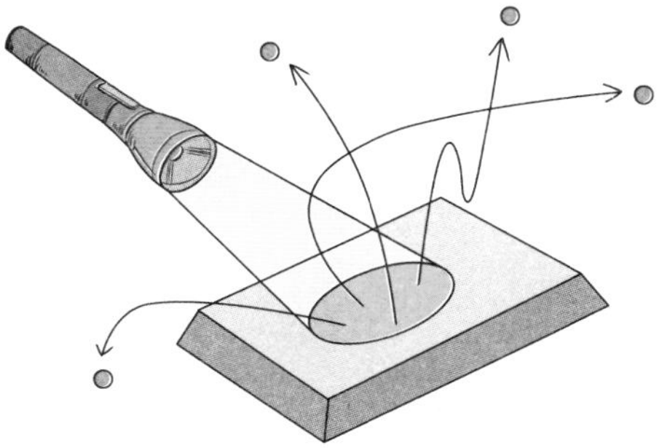

光电效应

光电效应指在高于某特定频率的电磁波照射下，某些物质内部的电子会被光子激发出来而形成电流，即光生电。赫兹于 1887 年发现光电效应，爱因斯坦第一个成功的解释了光电效应。

光是由一份一份不连续的光子组成，当某一光子照射到对光灵敏的金属上时，某个电子会吸收它的能量，动能立刻增加；如果动能足以克服原子核对它的引力，就能逸出金属表面，成为光电子，形成光电流。

光的自洽理论

广义相对论中的引力与光

自洽指按照自身逻辑进行推演，自己可以证明自己至少不是矛盾或者错误的。科学研究需要建立于客观基础之上，遵循自洽性。缘于光的性质特殊，人们对于光自洽理论的研究经历了较长的时间。

“荒唐”的理论

法国科学家拉普拉斯侯爵的生活与米歇尔并无交集，几年之后，拉普拉斯也提出了与米歇尔相近的看法。

使用经典力学观点很难完全解决这一问题。首先来说，光速是恒定的，因此光子就无法像炮弹回落地球一样被引力拉回到地面，牛顿引力的作用方式很难影响到光的运动。事实上就像对于这一现象的分析一样，拉普拉斯处在一种非常矛盾的状态之中，并且认为自己的看法非常荒唐。

引力与光

1915 年，爱因斯坦提出了广义相对论，这一理论的精髓在于将引力与时空弯曲联系了起来。爱因斯坦认为引力是时空弯曲的一种表现，处于宇宙中的光收到这种弯曲的影响，表现为引力作用。至此，关于光的自洽理论才算问世，不过只有等到很长一段时间之后，人们才有重新发现了这一理论的真正意义。

值得注意的是，1919 年英国赴西非的探险队在日食时，观测到了远处恒星发出的光线在通过太阳附近时发生的偏折现象，这是光在引力作用下的最直接证据，也确认了广义相对论的正确性。

光的速度与光线弯曲

光由于其高速的特性，人们对于其认识一直处于一种缓慢的状态，20 世纪有了长足的发展。

光速不变

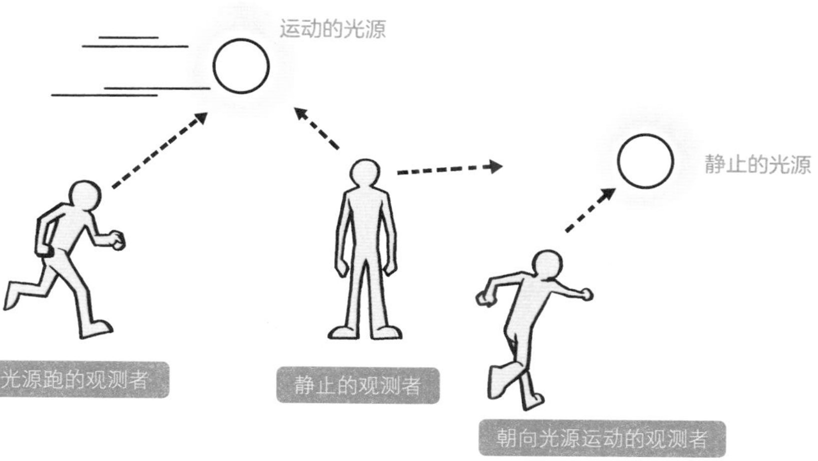

在上图的实验中，多种状态下测得的光速都是一样的。

光速不变原理，在狭义相对论中，指的是无论在何种惯性参照系中观察，光在真空中的传播速度都是一个常数，不随光源和观察者所在参考系的相对运动而改变。这个数值是 299792458 米 / 秒。

光线弯曲

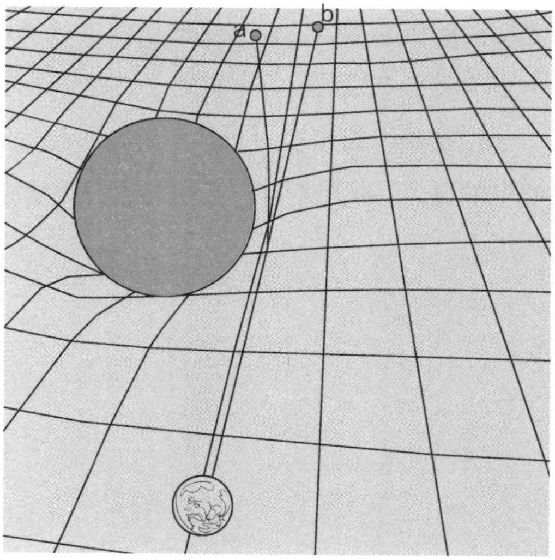

光线在通过强引力场附近时会发生弯曲，这是广义相对论的重要预言之一。

从一颗恒星（a）发出的光线在通过太阳附近时，因太阳质量弯曲时空而发生偏折，使得从地球上看上去该恒星发生了位移（b），这种现象在日食时可以清楚观测到。

5

被扭曲的优美

爱因斯坦对广义相对论的“修正”

静态宇宙的观念深入人心，以至于近200年也没有人想要对这一观念进行革新，就连爱因斯坦因为这个原因在广义相对论的方程中加入了一个宇宙学常数，以此来完成一个静态宇宙的理论构建。

引力对宇宙未来的影响

单纯地将恒星没有相互坠落解释为宇宙有相互远离的特性是不完善的。事实上，即使宇宙处于膨胀之中，恒星仍旧有可能坠落到一起。

如果宇宙膨胀的速度并不太快，那么引力的作用最终会使得宇宙膨胀终止，而进行坍缩。相反的，如果宇宙膨胀的速度过快，那么引力将无法束缚星系，宇宙会永不停歇地膨胀下去。这就牵扯到一个临界值的问题，而爱因斯坦在广义相对论中加入的宇宙学常数就是为这一临界值服务的。

天才的努力变成徒劳

爱因斯坦提出的宇宙学常数提供了一种新的与引力作用相反的力，这种力与常见的力的现象不同的地方在于，这种力没有任何具体的力源；这种力是时空结构的组成部分，是时空的属性之一；这种力的作用下宇宙中的全部物质吸引力与反引力相平衡，宇宙处于一种静止的状态之中。

包括爱因斯坦在内，几乎所有的科学家都在寻找各种可能来维护这种静态的宇宙观，以此来否定广义相对论中所预言的非静态宇宙。

关于“引力”的两种不同解释

引力作为宇宙中存在的基本力之一，最常见的解释有两种，这两种观点分别来自牛顿和爱因斯坦。

牛顿眼中的引力

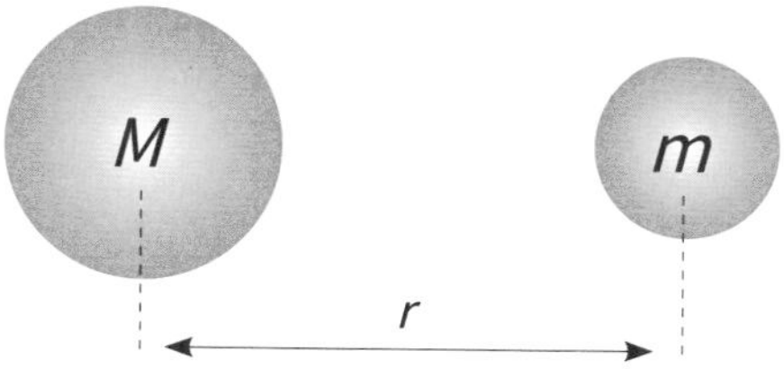

$$F_{引}=G\frac{Mm}{r^2}$$

（注：G 为万有引力常数）

牛顿认为任意两个质点在通过连心线方向上有相互吸引的力，这种力的大小与质点质量的乘积成正比与它们距离的平方成反比，与两物体的化学组成和其间介质种类无关。

爱因斯坦眼中的引力

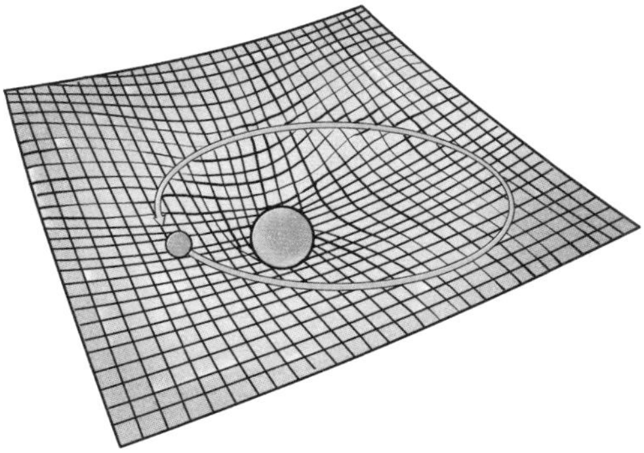

对于引力的解释，爱因斯坦与牛顿的看法不同。在广义相对论中，爱因斯坦认为物质在空间中会使得空间出现弯曲，物质的质量越大，这种弯曲越明显。而这种现象会使得靠近的物体在运动上受到影响，这种影响就被称为引力。

弯曲的光线

恒星引力场对光线的影响

钱德拉塞卡通过自己的研究证明了质量大于钱德拉塞卡极限的恒星难以停止塌陷，但这一问题放在广义相对论下又会得出怎样新的认识呢？美国物理学家罗伯特·奥本海默通过研究为这一问题给出了答案。

光的轨迹

光锥，按照霍金的观点，是时空中的一个曲面，表示光线穿过一给定事件可能的方向。换句话说也就是，光锥表示从其顶端发出的光在时间和空间中可能的路径。

奥本海默的研究告诉我们，恒星的引力场会使得光线在时空中的路径发生改变，这一现象反应在光锥上就是光锥会朝向恒星表面略微弯曲。这种推论已经通过日食观测得到证实。随着恒星自身引力的不断收缩，表面引力不断增大，光锥弯曲程度也就更明显，此时光线逃逸就会逐渐变得困难，恒星看起来会变得较红暗。

无法逃逸的光

处于某一临界半径的恒星的引力场足够强大，强大到使光锥弯曲得难以再逃离该恒星的引力，恒星的逃逸速度大到了所有物质都不能再外逸。这样一来，在时空中就会出现一个事件集合，在这里的任何事物都不能到达远方观测者眼中。我们称这一时空区域为黑洞，这一区域的边界称为事件视界。事件视界是从黑洞中发出的光所能到达的最远距离。

引力对光的影响

宇宙中的物质使得时空发生扭曲，物质相互靠拢，光在时空中也会发生扭曲，前进的方向会发生偏转。

偏移的恒星位置

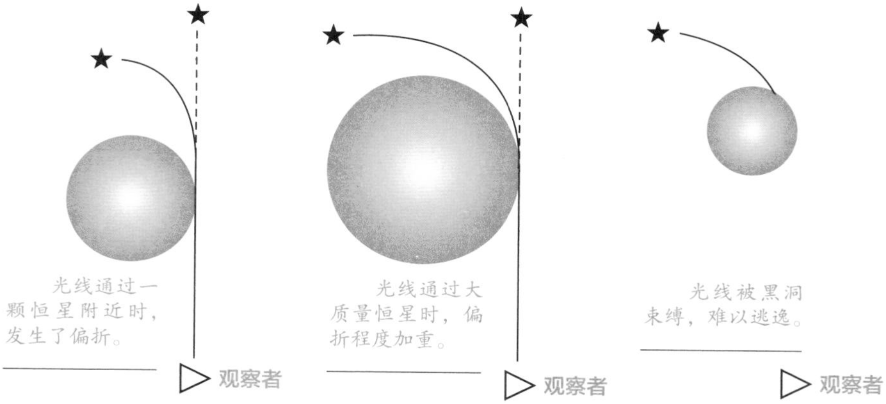

光线通过一颗恒星附近时，发生了偏折。
观察者
光线通过大质量恒星时，偏折程度加重。
观察者
光线被黑洞束缚，难以逃逸。
观察者

光线弯曲的效应不可能用眼睛直观地在望远镜内或照相底片上看到，光线偏折的量需要经过一系列的观测、测量、归算后得出。一般来说能观测到的偏折现象的偏折量都是非常小的，图示中适当增大了偏折量。

黑洞

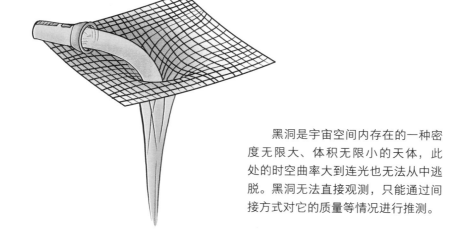

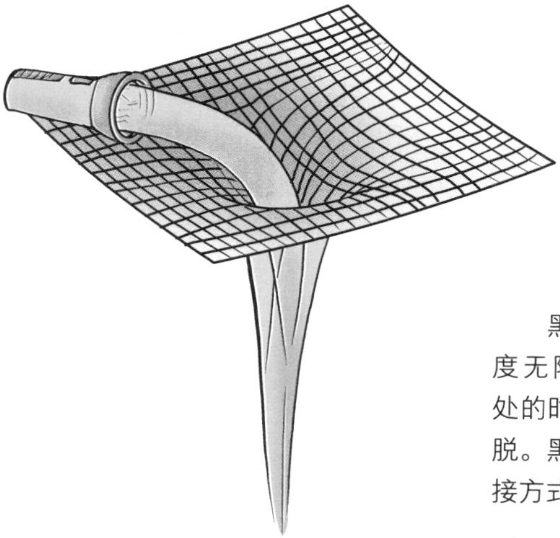

黑洞是宇宙空间内存在的一种密度无限大、体积无限小的天体，此处的时空曲率大到连光也无法从中逃脱。黑洞无法直接观测，只能通过间接方式对它的质量等情况进行推测。

7

连光也逃不出来的地方

神秘的黑洞

“黑洞”这个词很容易让人联想到“大黑窟窿”，其实不然，黑洞不仅不是一个空空如也的大窟窿，而且它的质量和密度之大，产生的引力之强，就连光也不能从中逃脱。

黑洞如何形成

之所以被称作黑洞，是因为它会将包括光在内的位于它边界内的一切事物吞噬，我们看不到它的存在。我们要了解它，只能通过受到它影响的周围物体来间接了解。

当一颗恒星衰老时，它的热核反应已经耗尽了中心的燃料，它再也没有足够的力量来承担起外壳巨大的重量。在外壳的重压之下，核心就会开始坍缩，直到最后形成体积小、密度大的星体，重新有能力与压力平衡。如果其总质量大于三倍太阳的质量，就会引发一次大坍缩。物质将不可阻挡地向着中心点进军，直至成为一个体积趋于零、密度趋向无限大的“点”。而当它的半径一旦收缩到一定程度，巨大的引力就使得即使光也无法向外射出，黑洞就诞生了。

非星黑洞

英国天体物理学家霍金提出，还存在另一种类型的非星黑洞。根据他的理论，大爆炸期间，宇宙处在极高的温度和极大的密度状态，那时有可能产生为数众多的微型原生黑洞。但这种微型黑洞和大质量黑洞不同，它们不断地损失质量直到消失。

在一个微型黑洞的极近处，可以形成诸如质子和反质子这类粒子。当一个质子和一个反质子从微型黑洞的引力中逃逸，它们就会湮灭并产生能量。也就是说，它们从黑洞中带走了能量。如果这一过程一再重复，微型黑洞则耗损掉它的全部能量，最终就是黑洞被“蒸发”了。

恒星的死亡

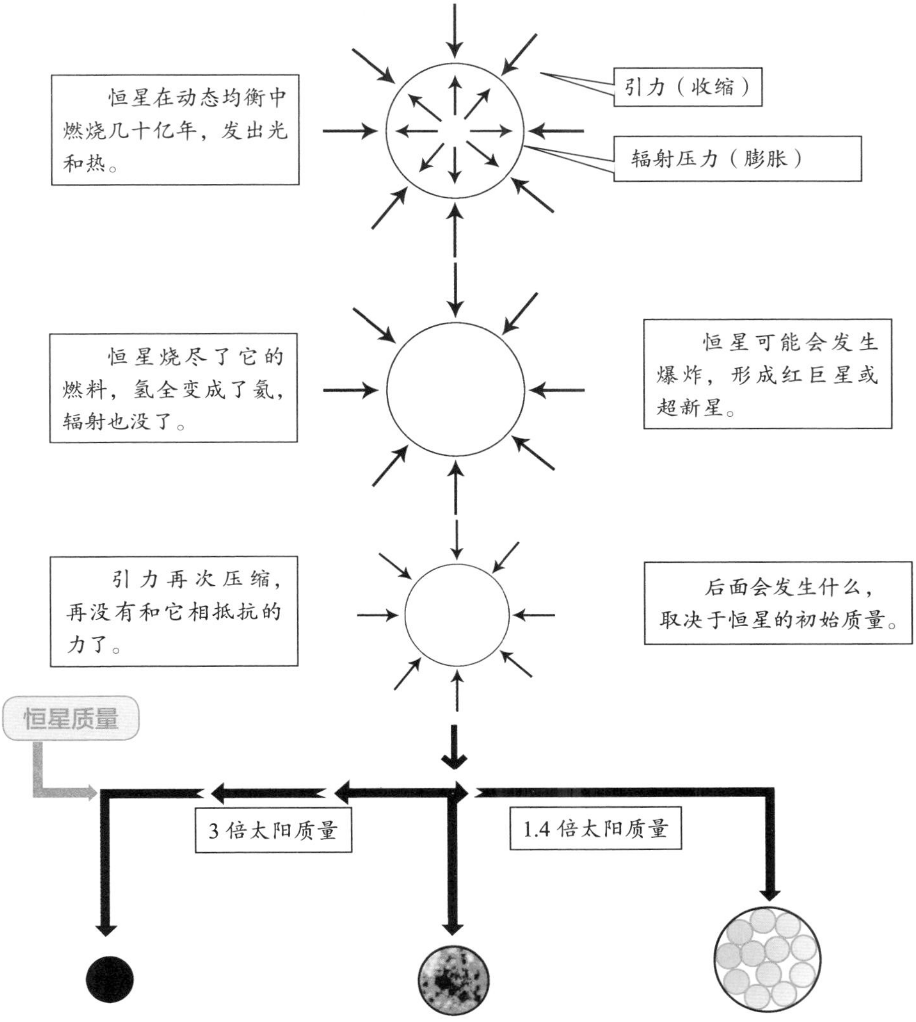
恒星在动态均衡中燃烧几十亿年，发出光和热。
引力（收缩）
辐射压力（膨胀）
恒星烧尽了它的燃料，氢全变成了氦，辐射也没了。
恒星可能会发生爆炸，形成红巨星或超新星。
引力再次压缩，再没有和它相抵抗的力了。
后面会发生什么，取决于恒星的初始质量。
恒星质量
3倍太阳质量
1.4倍太阳质量

黑洞

如果恒星质量大于3倍太阳质量，那么就没什么可以阻止恒星收缩成黑洞了。恒星将完全坍缩，直至从人们视线中消失。

中子星

如果恒星质量大于1.4倍太阳质量，引力将胜过电子的斥力，将电子推进原子核内，电子就会和质子结合形成中子。如果恒星质量小于3倍太阳质量，中子的斥力就会阻止收缩。

白矮星

如果恒星质量小于1.4倍太阳质量，恒星就会收缩，直到白矮星气体中重叠电子的斥力足够大而阻止收缩。

8

迷失在时间里的宇航员

事件边界内外的差别

按照相对论的观点，时间是相对的，每一个观测者因为各自所处环境的不同具有不同的时间量度，也可以说不同引力场中的时间是不一样的。这种现象由物理学家哈菲尔与基廷于 1971 年通过实验做出了证明。

相对的时间

假设一名宇航员正在一个快要形成黑洞的恒星附近执行任务，在他表上的 12 点黑洞将会形成，他根据自己的表每秒钟向外发送一个信号。随着时间向 12 点的逼近，这名宇航员的同事将发现这些信号的时间间隔会越来越大。不过在黑洞形成的那个时间截点，执行宇航员虽然发出了信号，但这个信号却由于引力场的作用再也到达不了同事那里，在同事眼里那个 12 点的信号迷失在了时间里。宇航员（假设还有感觉）和他的同事在各自的时空中并不能察觉出时间的变化，但相对来说他们的时间却变得不同。

恒星坍缩为黑洞

围绕着恒星飞行的宇航员同时会发现随着时间不断靠近 12 点，恒星的光线也会逐渐变得越来越红、越来越暗，直到光线完全消失，形成一个黑洞。恒星消失了，但引力作用并不会消失，飞船仍然会围绕着黑洞运动。对于黑洞的观测此时已经难以再依靠从黑洞处发出的光了，不过事件边界有助于对黑洞的了解。黑洞内发生的事情并不会对黑洞外的事物产生影响，因为这里就连光也释放不出去，更不用说是其他的东西了。

相对的时间

爱因斯坦的研究推翻了20世纪以前科学上的两个绝对物，一个是绝对静止，另一个是绝对时间。现代科学已经基本接受了相对论，这一理论也得到了相当多的实践证明。

时间膨胀

飞行中的时间相较于地面上的时间变慢了。

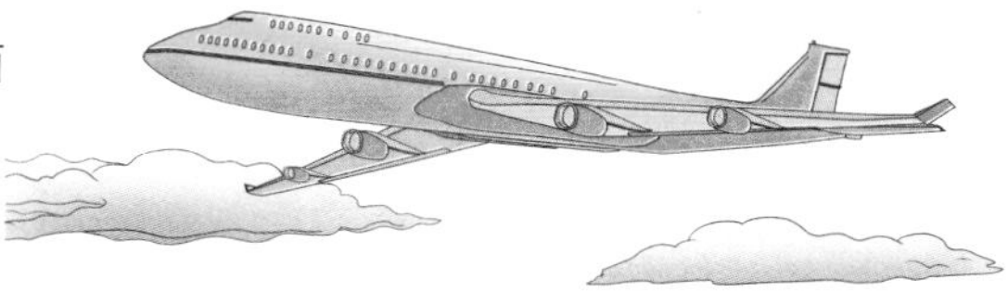

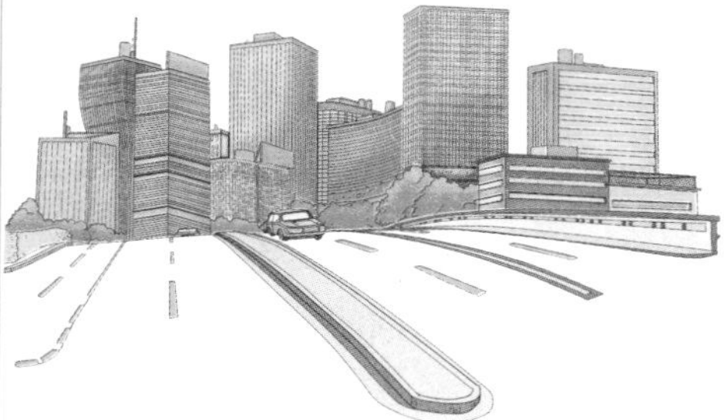

时间膨胀指的是在两个完全相同的时间之中，拿着甲钟的人会发现乙钟比自己的走得慢的物理现象。这现象常被说为是对方的钟“慢了下来”，但这种描述只在观测者的时空中是有效的。任何在同一个时空坐标系上的观测者所测量出的时间都以相同速度前进。

双生子佯谬

双生子佯谬是一个有关狭义相对论的思想实验。有一对双生兄弟，一个登上宇宙飞船进行太空旅行，而另一个留在地球。结果当旅行者回到地球后，他发现自己比留在地球的兄弟更年轻。

相对于旅行者来说，地球上的兄弟才是进行太空旅行的那一个，应该比自己年轻。这似乎产生了一种悖论，但事实上狭义相对论指出，只有在惯性系中才能得出对方比自己年轻的结论。飞船由于较大的加速度存在的原因所以会比在地球兄弟更年轻。

可能存在的时空隧道

虫洞

1916 年，奥地利物理学家路德维希·弗莱姆首先提出了虫洞的设想。虫洞被认为是一种可能存在的、连接两个不同时空区域的狭窄隧道。这一假想为时空旅行提供了一种美妙的可能性。

关于虫洞的几种说法

关于虫洞，有一个概念需要注意：在不同的理论中存在不同的虫洞，例如量子态的量子虫洞及弦论上的虫洞。一般所说的“虫洞”应被称为“时空虫洞”，量子态的量子虫洞一般被称为“微型虫洞”，两者有很大的区分。

理论上来讲，虫洞是联结白洞和黑洞的多维空间隧道，无处不在，但转瞬即逝的。有人假想存在一种奇异物质可以使虫洞保持张开；也有人假设如果存在一种同时具有负能量和负质量的奇异物质，可以凭借其创造排斥效应以防止虫洞关闭，这种奇异物质会使光发生偏转，成为发现虫洞的信号。需要指出的是，这些理论存在过多未经实验证实的假设。

虫洞与虚时间

我们暂且假定虫洞是可以穿越的，由此来说明关于利用它而制造的时间机器。霍金认为，虫洞可以说是非常小规模的虚时间世界。所谓的虚时间，是指相对于我们生活中的实时间而言，以虚数来测量的时间。举例来说，假设飞入黑洞中的太空船及其共乘组员都不幸丧生了，就实时间而言，他们被撕裂了，就连构成身体的粒子恐怕也难以保全。然而，就虚时间而言，却能够以粒子的形态继续生存，然后再从黑洞出口中出现。

时间悖论

时间悖论最出名的是“祖父悖论”，最早出现在科幻小说中，表示一种人类在可以随心所欲地控制时间后能够回到过去或者未来，由此产生的一些“不可能事件”。

祖父悖论

假如有人可以回到过去，在自己父亲出生前把自己的祖父母杀死，那么这一举动会产生一矛盾的情况：

*回到过去杀了你年轻的祖父，祖父死了就没有父亲，没有父亲也不会有这个人，那么是谁杀了祖父呢？

*这个人的存在就表示，祖父没有因为这个人而死，那这个人就怎么能够杀死祖父呢？

另一种可能

支持平行宇宙理论的物理学家认为，当某人回到过去杀自己的祖父母时，此人杀的其实是另一个宇宙的人，也就可能就此创造出一个新的平行宇宙。而此人祖父母的死只会使那个平行宇宙的此人不再存在，而这个平行宇宙的此人则平安无事。

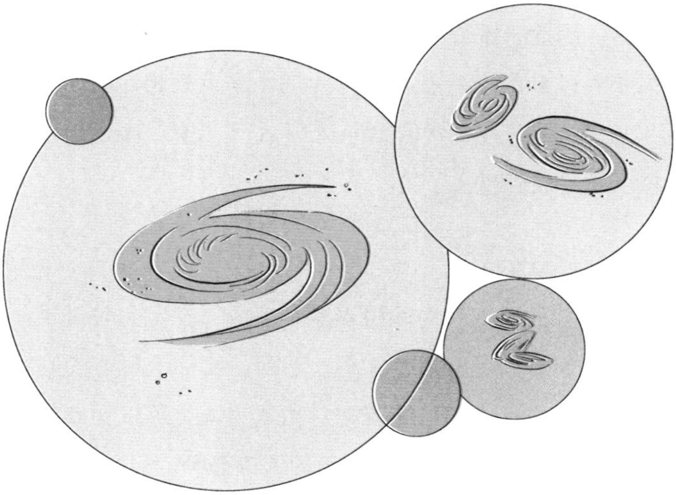

10

使用虫洞

时间机器的制造原理

如果使用能被穿越的虫洞，那么我们就可以轻易地制造出时间机器了。这是用“狭义相对论”中的“双子吊诡”来说明的。忘记这一理论的人请参照介绍“狭义相对论”的书籍。

两个不同时刻的虫洞入口

首先，依据指示应将虫洞的两个入口尽可能地缩小，所以在此为了起到简单的示范作用，就假设虫洞的两个入口是在同一时刻连接的。这样一来，就会产生与“双子吊诡”相同的情况——入口 B 的时间晚了，就会产生两个拥有不同时刻的虫洞入口变成并列的情况。

举例来说，早上八点时从入口 B 出发了，当从入口 B 回来时，入口 A 的时刻正好是晚上八点，而入口 B 的时刻却是早上十点。实际上，即使是以接近光速的速度进行加速的话，也得花上非常多的时间，所以根本就无法这么快回来。

现在将话题简单扼要地来说。位于入口 A 附近的人，在晚上八点时来到入口 B 处，从那里飞了进去。假设抵达入口 B 需要花费一个小时的话，那么抵达入口 B 时，应该是在晚上九点。入口 B 以自己的钟表计时，假如在早上十点回到原来的场所之后就静止不动的话，此后入口 B 的钟表时刻应该是和入口 A 的钟表时间相同才对。因此，推理中的人在抵达入口 B 时，入口 B 的时间应该是上午十一点。由于入口 B 的十一点与入口 A 的十一点是相连的，所以那个人飞进入口 B 之后，应该会在上午十一点时从入口 A 飞出来。由于出发的时间是在晚上八点，这样不就是回到过去了吗？

可以制造这样的虫洞吗

不过，仅仅因为如此就庆幸时间机器顺利完成，肯定为时过早。为了要完成时间机器，必须将所有问题弄清楚才行。然而，实际上所有的问题都还是一团糟。即使能够制造出那种虫洞，能否把它拓宽为人类可以穿越的大小，以及能否自由自在地操控它，是否还有单一方面的入口等等，问题已经堆积如山了。

时间机器的确切含义

旋转黑洞中的时光虫洞与时间机器隧道

如果将虫洞的两个入口尽可能地缩小，使虫洞的两个入口在同一时刻连接，这样就能产生与“双子吊诡”相同的情况——让入口 B 的时间晚于入口 A。以下是对文中举例的说明。

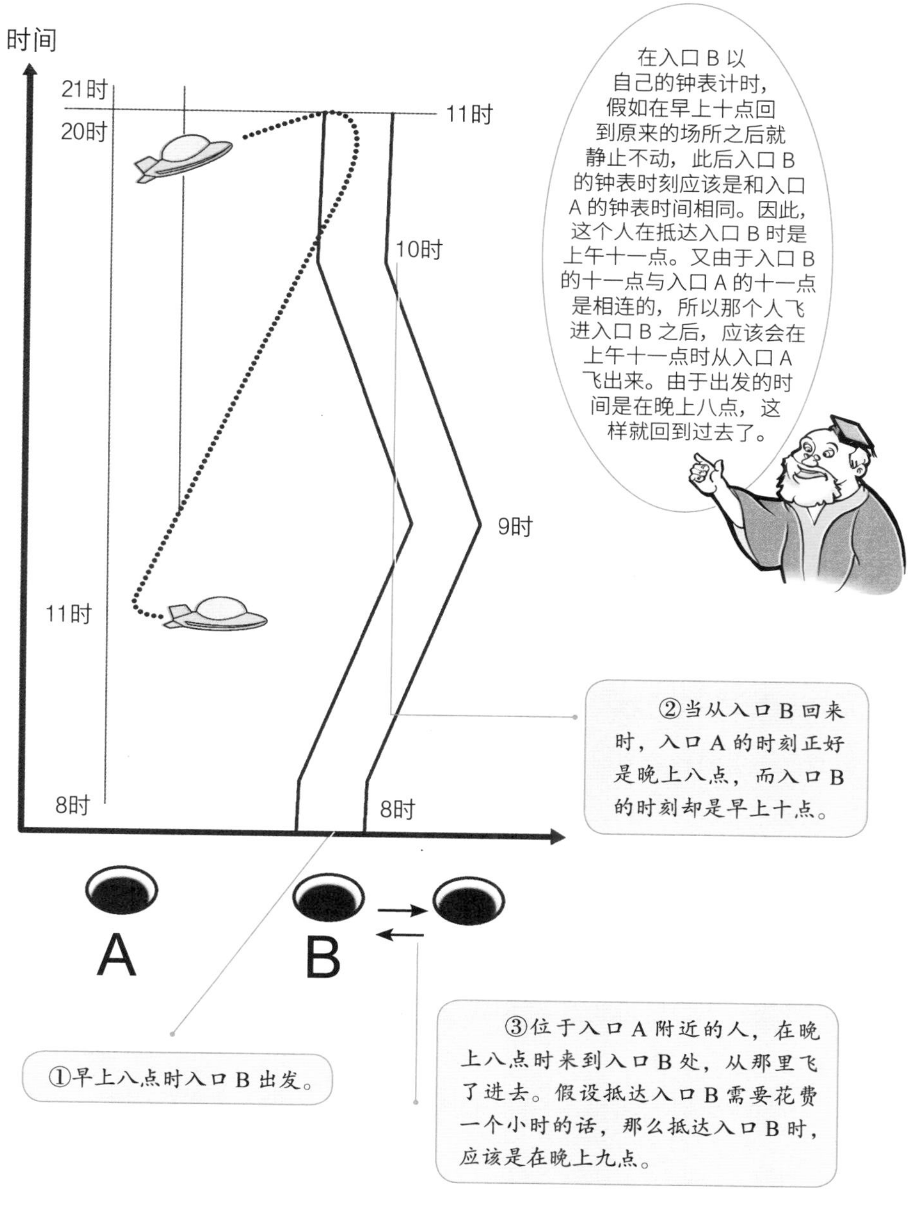

时间
21时
20时
11时
10时
9时
11时
8时
8时
A
B
在入口 B 以自己的钟表计时，假如在早上十点回到原来的场所之后就静止不动，此后入口 B 的钟表时刻应该是和入口 A 的钟表时间相同。因此，这个人在抵达入口 B 时是上午十一点。又由于入口 B 的十一点与入口 A 的十一点是相连的，所以那个人飞进入口 B 之后，应该会在上午十一点时从入口 A 飞出来。由于出发的时间是在晚上八点，这样就回到过去了。
②当从入口 B 回来时，入口 A 的时刻正好是晚上八点，而入口 B 的时刻却是早上十点。
③位于入口 A 附近的人，在晚上八点时来到入口 B 处，从那里飞了进去。假设抵达入口 B 需要花费一个小时的话，那么抵达入口 B 时，应该是在晚上九点。
①早上八点时入口 B 出发。

11

形状不同的黑洞
对黑洞认知的大改变

虽然人们对黑洞无法直接进行观测，但可以借由间接方式得知其存在与质量，并且观测到它对其他事物的影响。

黑洞的大小与形状

在恒星因引力坍缩形成黑洞的过程中，运动会因为引力波的发射而受到抑制，不久之后就会进入较为稳定的状态。普遍认为黑洞可能大小不一，形状各异，而且它们的形状都有可能是周期性变化的，但这种观点并没有在人们心中持续太长时间。

无自转黑洞的形状

1967 年，沃纳 · 伊斯雷尔发表论文证明：任何无自转黑洞必然呈现完美的圆球形，其大小只取决于黑洞的质量。开始时，伊斯雷尔同其他人一样认为，黑洞只能来源于完美的球形，但这也同时意味着一般情况下引力坍缩会形成裸奇点。后来的物理学家们通过计算对这一理论进行了完善，他们赞成黑洞的活动方式就像一个液体球，引力波的发射使得天体平静下来，并最终成为一个完美的球形状态。

自转黑洞的形状

与静态黑洞的液体球状态类似，由于自转，在黑洞的赤道附近必然会存在相应的隆起，形成一个非完美球形天体的黑洞。这种类似的隆起可以参考太阳的自转影响，因为太阳为气态球，赤道部的自转速度会略快于其他位置。1963 年，罗伊 · 克尔发现了一组广义相对论的黑洞解，这类黑洞的自转速率恒定，黑洞的大小和形状只取决于自转速率和质量。当自转速率为零时，黑洞呈现完美的球形状态；当自转速度不为零时，黑洞赤道附近会向外隆起。黑洞在经过引力坍缩之后逐渐平静下来，仍然有可能伴有自转，但并不会出现周期性的变化。

黑洞的分类与能层

根据黑洞自身质量、电荷以及是否旋转等性质的不同，我们可以对黑洞进行分类，并且在理论上能够推测出黑洞周围时空的扭曲特性。

黑洞的分类

黑洞

- **超重黑洞**：到目前为止，可以在所有已知星系中心发现超重黑洞，其质量是太阳的数百万至170亿倍。目前发现最大的黑洞在星系S50014+813的中心，质量约为太阳的400亿倍。
- **中介质量黑洞**：质量超过恒星黑洞（数十倍太阳质量），但远小于超重黑洞（数百万倍太阳质量）的一种黑洞。
- **恒星黑洞**：大质量恒星（大约20倍太阳质量）引力坍塌后形成的黑洞。至目前为止，质量最小的黑洞大约有3.8倍太阳质量。
- **微型黑洞**：又称作量子黑洞或者迷你黑洞，是很小的黑洞。微型黑洞有可能产生在大型强子对撞机内。

黑洞按照是否旋转以及是否带电荷又可分为不旋转不带电荷的黑洞、不旋转带电荷黑洞、旋转不带电荷黑洞以及旋转带电荷的黑洞。

黑洞能层

转动状态的黑洞会对其周围的时空产生拖拽的现象，时空效应在黑洞南北极与在赤道上有所不同，会发生“时间场异常”现象。此外，由于时间物理学尚未发展，目前物理学对此还无能力进行探讨。

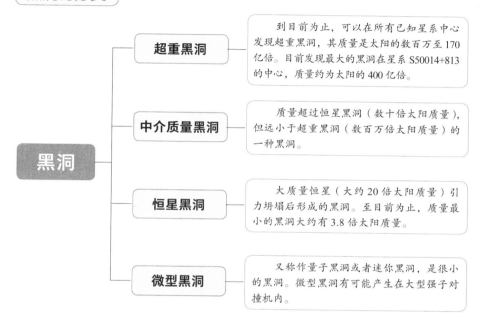

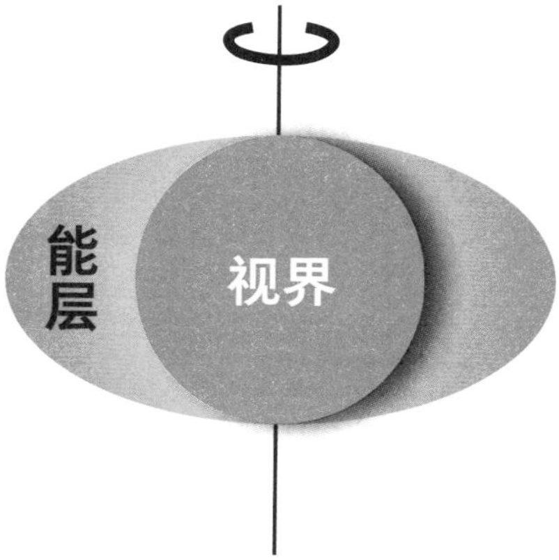

12

验证广义相对论的又一发现

有关黑洞的发现

当黑洞形成后，关于黑洞前身的其他一切信息（“毛发”）都丧失了，黑洞几乎没有形成它的物质所具有的任何复杂性质，对前身物质的形状或成分都没有记忆，黑洞的这一特性被称为“黑洞无毛”。

发现暗弱的恒星状天体

1963年天文学家马尔滕·施密特在加利福尼亚帕洛马山天文台射电源3C273的方向上发现了一个暗弱的恒星状天体，这一天体伴随着巨大的红移。这种红移现象的产生原因一方面来源于宇宙膨胀，另一方面则来源于恒星本身强大的引力场。这个恒星状天体距离我们非常遥远，但又还能出现在我们的视野之中，这也就意味着恒星具有相当大的能量。

随后的观测研究发现，这个类恒星天体来自于整个星系的引力坍缩，并且陆续发现了许多类似的“类恒星状天体”。

发现中子星

20世纪70年代，人们对于外星文明的期待很高，于是在天空中发现了一种很有规则的脉冲式射电波之后，便将第一批发现的四个射电源命名为LGM1—4（LGM表示童话故事中的外星小绿人）。后来人们发现这类天体是一些自转的中子星，被命名为“脉冲星”，这类恒星的磁场与周围物质作用会发出脉冲射电波。

中子星的发现表征了黑洞存在的可能性，因为中子星的半径只有恒星转变为黑洞时临界半径的几倍大，这意味着恒星坍缩为更小尺度是完全有可能的。

黑洞生长的三种途径

现代科学研究认为黑洞有三种生长方式，分别为太初核球坍缩、星系碰撞以及伪核球。

太初核球坍缩

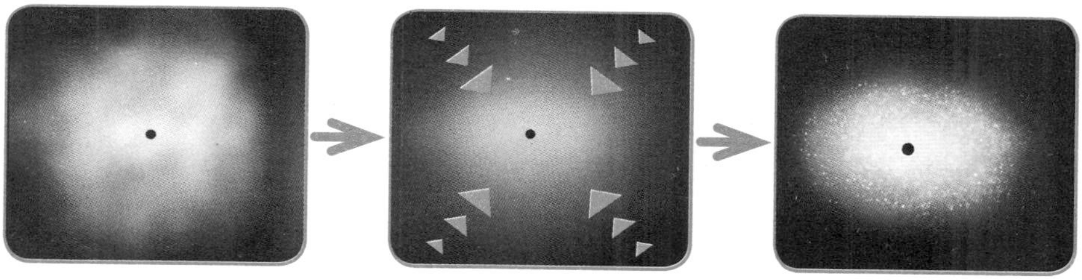

太初氢云围绕小“籽”黑洞进行坍缩，这种现象为黑洞补充了大量的质量，形成恒星。坍缩最终产生一个巨大的椭圆星系。

星系碰撞

两个有中心黑洞的盘星系发生碰撞，它们的核连同黑洞相互并合产生了一个有中心黑洞的巨大椭圆星系。中心黑洞成长为有更大质量的黑洞。

伪核球

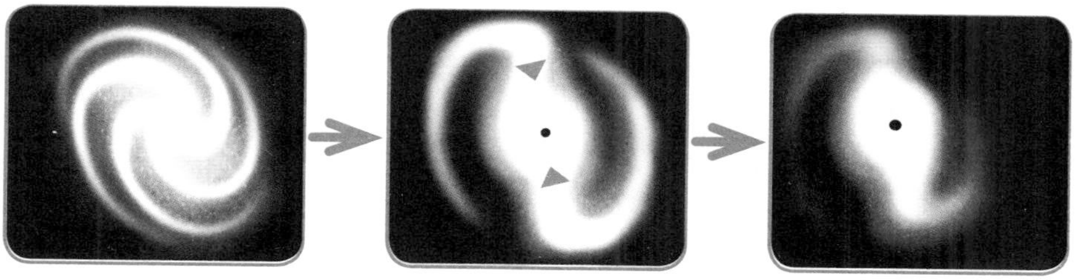

纯盘星系形成时至少有一个“籽”黑洞，盘气体向星系中心收缩生长出一个伪核球。随着伪核球的生长，黑洞诞生，其质量随着伪核球的质量增大而增大。

13

如何在煤窑里找到黑猫

寻找黑洞

在宇宙中寻找黑洞就像在一个黢黑的煤窑里寻找一只黑猫，需要智慧和运气。1783 年，约翰·米歇尔指出黑洞的引力会对临近的天体产生影响，这成为寻找黑洞的最直接理论依据。

恒星系统中的不可见天体

宇宙中存在不少的双恒星绕转系统，在这些系统中两个恒星互相吸引做绕转运动。一些天文学家发现在某些此类系统中只能看到其中一颗恒星，这颗恒星围绕着某个不可见的伴星运动。某些这类系统还会放射出强 X 射线，如天鹅座 X-1，根据推算，该系统的中的不可见天体非常小，极有可能是黑洞。

现在科学界普遍认为天鹅座 X-1 有超过 90% 的可能性是一个黑洞，是人类发现的第一个黑洞候选天体。

小质量黑洞

在我们所处的银河系中有黑洞的存在，在河外星系以及其他类星体中还存在着质量大得多的黑洞。然而黑洞并不都拥有极大的质量，理论上存在小质量黑洞。这种小质量黑洞会比太阳的质量小得多，它们不能依靠引力塌陷形成，形成的唯一条件是外部的极大压力，物质被压缩到了极高的密度。

有一种猜测认为这种小质量黑洞在极早期的宇宙中形成过。

黑洞候选星

黑洞形成后，会不断吸入周围的物质而导致后者难以被观测到，因此往往无法仅依靠天文观测来发现黑洞。因此天文数据库当中，并没有黑洞，仅有黑洞候选星。

人马座 A

NASA 拍摄到的人马座 A 图像。

银河系中心人马座 A 东星直径约有 25 光年，并有超新星遗迹。据推测人马座 A 东星是一颗接近黑洞中心的星体，在重力压缩下发生爆炸。该爆炸事件发生于约 35000—100000 年前，爆炸能量是一般超新星爆炸的 50—100 倍。

天鹅座 X-1

天鹅座 X-1 是银河系内位于天鹅座双星系统的一个天体。物理学家史蒂芬 · 霍金和基普 · 索恩曾拿天鹅座 X-1 作了一场赌局，当时霍金打赌认为天鹅座 X-1 不是一个黑洞。1990 年霍金让步，因为观测证据显示这个系统中存在着引力奇点。

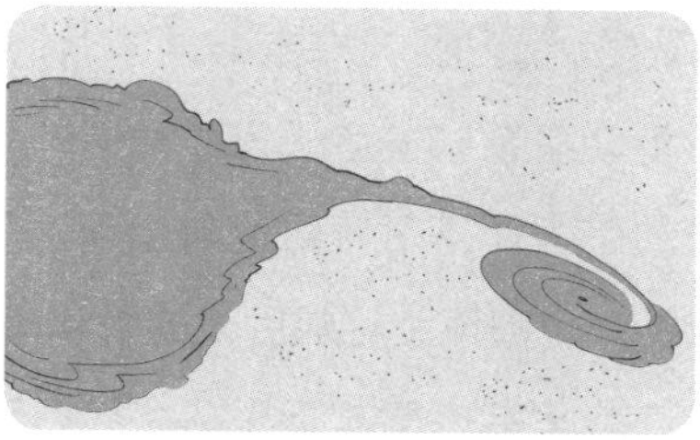

艺术家对 HDE 226868—天鹅座 X-1 双星系统的意想图。

SN 1979C

后发座螺旋星系 M100 上的 SN 1979C。

SN 1979C 距地约 5000 万光年，是一颗位于后发座的螺旋星系 M100 中的 II-L 型超新星。该超新星前身核剧烈塌缩，最后整颗恒星发生爆炸，形成该超新星的前身恒星，其质量推测应为太阳的 20 倍。

14

类星体的能量之源

活动星系核模型

类星体那么小的体积为什么能发出巨大的能量，为了解释这个疑团，科学家们提出了许多理论模型，活动星系核模型就是其中之一。

活动星系

活动星系又称激扰星系，有一个处于剧烈活动状态的核。活动星系核在许多方面都与类星体相似，比如它的体积也很小，光谱中也有很强的发射线，发出各种波段的辐射，经常有光变和爆发现象等等。

有科学家认为，类星体可能是某种活动星系，观测到的类星体现象是星系核的活动，由于它的光芒过于明亮，掩盖了宿主星系相对暗淡的光线，所以宿主星系之前并没有引起人们的注意。当然，类星体的内部活动会比一般的活动星系更为剧烈，功率更大。

类星体的核心是黑洞

活动星系核模型认为，类星体的核心位置有一个超大质量的黑洞，在黑洞强大的引力作用下，附近的尘埃、气体以及一部分恒星物质围绕在黑洞周围，形成了一个高速旋转的巨大的吸积盘。

在吸积盘内侧靠近黑洞视界的地方，物质掉入黑洞里，伴随着巨大的能量辐射，形成了物质喷流。而强大的磁场又约束着这些物质喷流，使它们只能够沿着磁轴的方向，通常是与吸积盘平面相垂直的方向高速喷出。如果这些喷流刚好对着观察者，就会被观测到。

类星体与一般的那些“平静”的星系核的不同之处在于，类星体是年轻的、活跃的星系核。由类星体具有较大的红移值，距离很遥远这一事实可以推想，我们所看到的类星体实际上是它们许多年以前的样子。随着星系核心附近“燃料”逐渐耗尽，类星体将会演化成普通的旋涡星系和椭圆星系。

类星体的各种模型

◎ 黑洞假说：类星体的中心是一个巨大的黑洞，它不断地吞噬周围的物质，并且辐射出能量。

◎ 白洞假说：与黑洞一样，白洞同样是广义相对论预言的一类天体。与黑洞不断吞噬物质相反，白洞源源不断地辐射出能量和物质。

◎ 反物质假说：认为类星体的能量来源于宇宙中的正反物质的湮灭。

◎ 巨型脉冲星假说：认为类星体是巨型的脉冲星，磁力线的扭结造成能量的喷发。

◎ 近距离天体假说：认为类星体并非处于遥远的宇宙边缘，而是在银河系边缘高速向外运动的天体，其巨大的红移是由和地球相对运动的多普勒效应引起的。

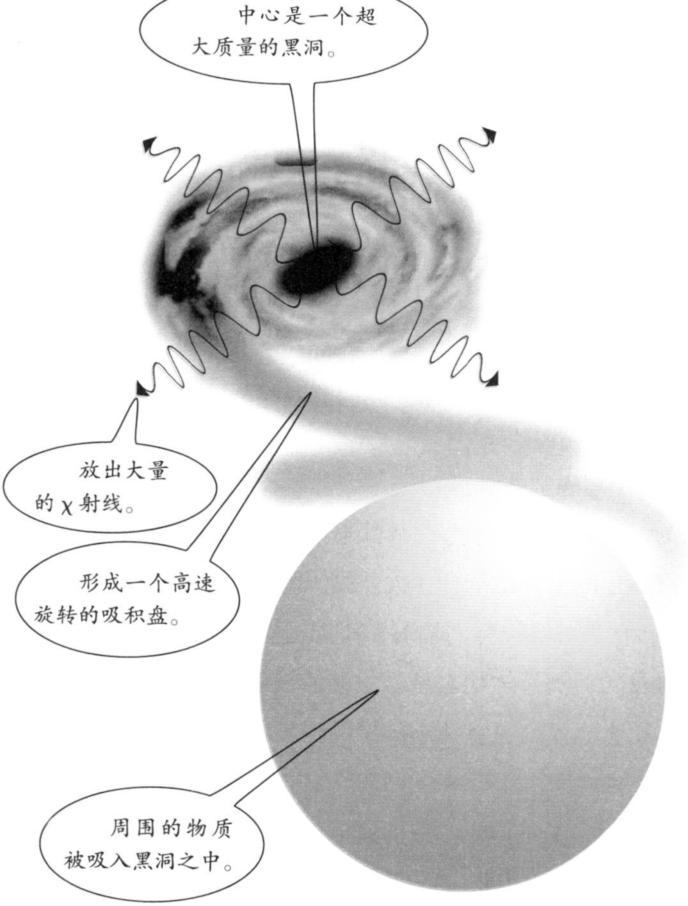

中心是一个超大质量的黑洞。
放出大量的χ射线。
形成一个高速旋转的吸积盘。
周围的物质被吸入黑洞之中。

15

对类星体的探索

恒星形成的最古老证据

近年来，有欧美科学家在遥远的类星体里发现了恒星剧烈诞生的迹象，这是显示恒星形成的最古老证据，将有助于了解和研究宇宙早期演化和星系形成过程。

类星体内有恒星诞生

2003年7月24日出版的英国《自然》杂志称，科学家们使用法国境内阿尔卑斯山和美国新墨西哥州平原上的射电望远镜，对编号为J1148+5251的类星体进行了分析。这个遥远的天体有着很大的红移，科学家推测它产生于宇宙大爆炸之后8亿年。

科学家们在分析中发现，这个类星体在毫米波段有一氧化碳产生的辐射，以及强烈的远红外辐射。这两种现象正是恒星诞生的标志。恒星可以通过其中所含的一氧化碳杂质来推断其存在，一氧化碳能够高效地辐射热量，为望远镜所探测到。恒星形成之后，会加热周围的星际尘埃，使之产生强烈的远红外辐射。

这是否意味着恒星的诞生与类星体之间的关系呢？

类星体与星系形成

一种观点认为，星系的形成与类星体相联系。如同前面所说的自上而下的星系形成过程，新一代的恒星由早一代大质量恒星抛出，在短暂而强烈的爆发过程中，产生了巨大的能量和极强的辐射，而类星体正好有这样的特征。

另一种观点则认为，类星体代表星系演化的最后阶段，在星系的中心区域恒星的密度非常高。大质量的恒星和小质量的恒星分开，大质量的恒星落向中心区，开始相互碰撞。这种相互碰撞、压缩、合并，就生成了大量的恒星。

还有一种观点认为，类星体中心黑洞造成的物质喷流导致了星际尘埃的产生，星际尘埃又逐渐聚集形成恒星、行星、小行星、彗星等天体。

幽灵之光

类星体，即类似恒星的天体。虽然我们已经观测到它的存在，但对于它却还知之甚少。类星体就像是宇宙中的一个幽灵，充满了难解之谜。

超光速现象

类星体的最显著特点是，它们正以疯狂的速度远离我们而去。已经发现3C345等几个类星射电源的两致密子源以很高的速度分离，如果类星体位于宇宙学距离，两子源向外膨胀的速度将超过光速，最大的可达光速的10倍。

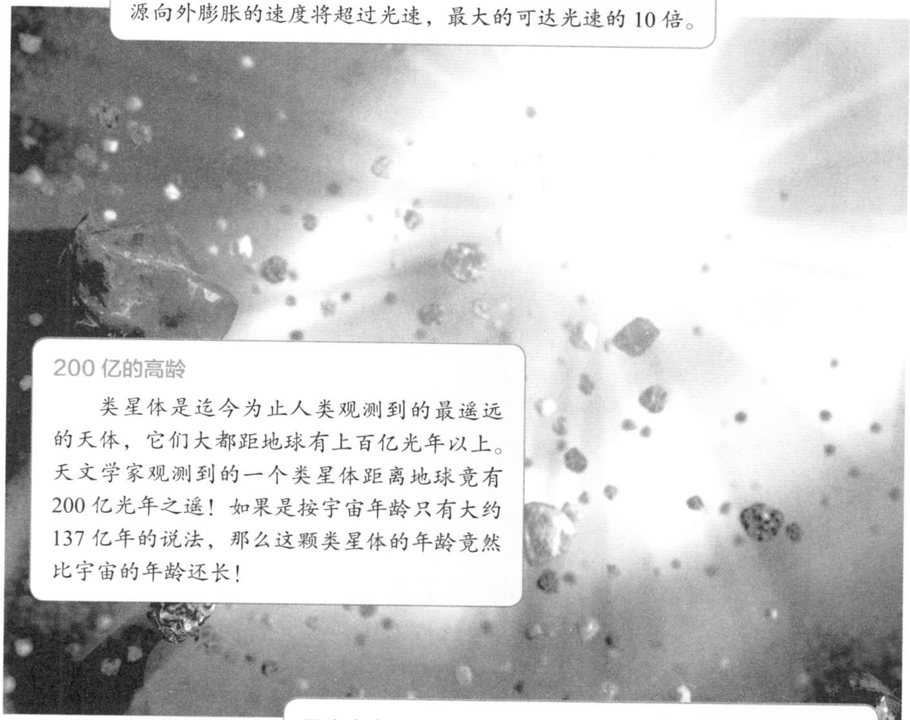

200亿的高龄

类星体是迄今为止人类观测到的最遥远的天体，它们大都距地球有上百亿光年以上。天文学家观测到的一个类星体距离地球竟有200亿光年之遥！如果是按宇宙年龄只有大约137亿年的说法，那么这颗类星体的年龄竟然比宇宙的年龄还长！

死亡之光

类星体虽然是距离地球最遥远的天体，但看上去光学亮度却不弱，以观测的亮度来计算，它们也应该是宇宙中最明亮的星体。因为类星体距离我们非常遥远，如今这些类星体本身可能早已“老死”了，所以有人又将某些类星体的光芒称为“死亡之光”或“幽灵之光”。

内部的恒星

科学家们在遥远的类星体中发现一氧化碳产生的辐射和远红外辐射，这是显示恒星形成的最古老证据，这是否是宇宙早期演化和星系形成的证据？了解类星体是否就意味着了解宇宙的过去？

第四章

宇宙的起源与归宿

古往今来，人们都在试图为宇宙的过去和未来描绘一个可能的图解景。相对论和量子力学都可以说是人类智慧的结晶，它们都经过了最严格的实验验证，但是量子力学和相对论却有着难以调和的矛盾。爱因斯坦晚年为了解决这个矛盾曾一度致力于勾画大统一理论，然而事违人愿，直到去世他都没有解决这个问题。近一百年来，物理学家们都尝试着统一相对论和量子力学，企图找到大统一理论来调和双方。但是很遗憾，但目前为止，大统一理论并未建立起来。但被众多科学家给予众望的大统一理论便是超弦理论和圈量子引力论。

本章关键词

热大爆炸模型　暴胀理论　大统一理论

我们可以回到过去，却终究无法改变历史。

——霍金

◇ 图版目录 ◇

所有的星系重叠在一起

无间的宇宙

哈勃定律为我们描绘出了宇宙现在的模样，数以亿计的星系分布在宇宙空间之中，作着相互远离的运动。那么，宇宙在最开始的时候，又是怎样的一幅图景呢？我们不妨运用已知的知识，做一次大胆的推想。

重叠的星系

哈勃定律为我们描绘出宇宙开始的模样。让我们想象一下，宇宙一直处于不断膨胀之中，那就是说过去的宇宙比现在小。那么 1 年前的宇宙比现在小多少呢？哈勃观测的结果是距离 100 万光年的两个星系以每秒 150 千米的速度相远离。这个速度大约是光速的 1/2000。

我们以两个星系为例，根据哈勃定律向若干亿年之前推演，时间越往前推，它们之间的距离越短，相对远离的速度越慢。当这个值达至极限的时候，它们之间的速度就变为 0，之间的距离也变为 0。也就是说，在很久很久以前，这两个星系是重叠在一起的。

无间的宇宙

我们可以把上面的推演运用在广布于浩瀚宇宙之中的任意两个星系上。不论它们之间的距离是几百万光年，还是相距遥远的几百亿光年，也不论它们是拥有数千亿颗恒星的星系，还是更多或更少，当沿时间向前推演的时候，它们最终都会是重叠在一起的。

我们再把想象向更广处推进，把这种推演从单一的两两重叠，推进到宇宙中任意星系之间的重叠上。这就像是人们在看电影时的倒带过程，当时间向过去延伸的时候，星系之间的运动是相互趋近式的，而且时间越早，它们之间的间距越短，它们靠近的速度越小。当向前推进的时间达到无限大的时候，所有的星系都重叠在了一起。

一场宇宙历史的电影

假如我们用胶片把宇宙的历史完整地拍摄下来，那么科学家们就可以停止无休止的猜测和争论了，宇宙的奥秘也会清晰地展示出来。但是，人类的文明史不过几千年，宇宙产生的时候，生命还不存在，这样的电影只能是个美好的愿望。

但是，我们还是可以想象，如果真的存在这样的电影，它会展示给我们什么样的图景影像呢？如果说现在的宇宙是膨胀而来的，那么把电影胶带倒回去，宇宙就是收缩的。

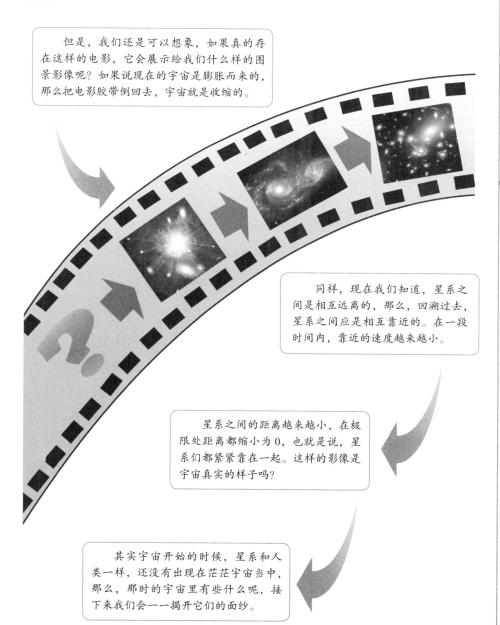

同样，现在我们知道，星系之间是相互远离的，那么，回溯过去，星系之间应是相互靠近的。在一段时间内，靠近的速度越来越小。

星系之间的距离越来越小，在极限处距离都缩小为0，也就是说，星系们都紧紧靠在一起。这样的影像是宇宙真实的样子吗？

其实宇宙开始的时候，星系和人类一样，还没有出现在茫茫宇宙当中，那么，那时的宇宙里有些什么呢，接下来我们会一一揭开它们的面纱。

宇宙的起源

宇宙大爆炸理论

既然宇宙一直在不断地膨胀，那么可以合理地设想，在很久很久以前的某个时候，所有的星体都是聚合在一起的，宇宙最初是一个致密的物质核。

宇宙膨胀就是空间膨胀

我们把现在的宇宙假设成一个三维的立方体，其边长为1000万光年。在这个立方体的长、宽、高三边上每隔100万光年放置一个星系，这样每边就可以放置10个星系。这个立方体之中就含有1000个星系。

空间膨胀的概念，就是指立方体中含有的星系的个数不变，立方体体积变大。那么宇宙是现在的1/8大小的时候，立方体的边长是500万光年，星系的间隔是50万光年。宇宙是现在的1/1000大小的时候，立方体的边长变成100万光年，星系的间隔是10万光年。这样再往过去追溯，星系（物质）会越来越集中，星系分布的密度会越来越高。最终，所有的星系都互相重叠在一起。

超高密度状态下的爆炸

将此过程回溯到宇宙创生的那一刻，可以发现当时宇宙体积为零，也就是说，在那样的宇宙初期还没有出现星系，即使是星系都重叠在一处，我们也很难想象。在宇宙初期，非常小的领域内确实存在超出人类想象的高密度状态。

宇宙就是在这种超高密度的状态下发生爆炸的。这也就是“Big Bang”，即宇宙大爆炸理论，是根据天文观测研究后得到的一种设想。大约在150亿年前，宇宙所有的物质都高度密集在一点，有着极高的温度，因而发生了巨大的爆炸。大爆炸以后，物质开始向外大膨胀，就形成了今天我们看到的宇宙。

难以理解的奇点

按照前面的推理，所有的星系都在宇宙开始时重叠在一起，那么宇宙最开始时，所有的物质就集中在一个密度和质量都极大的点上。这个点是大爆炸的初始点，也就是所谓的奇点。我们试图描述一下奇点的样子。

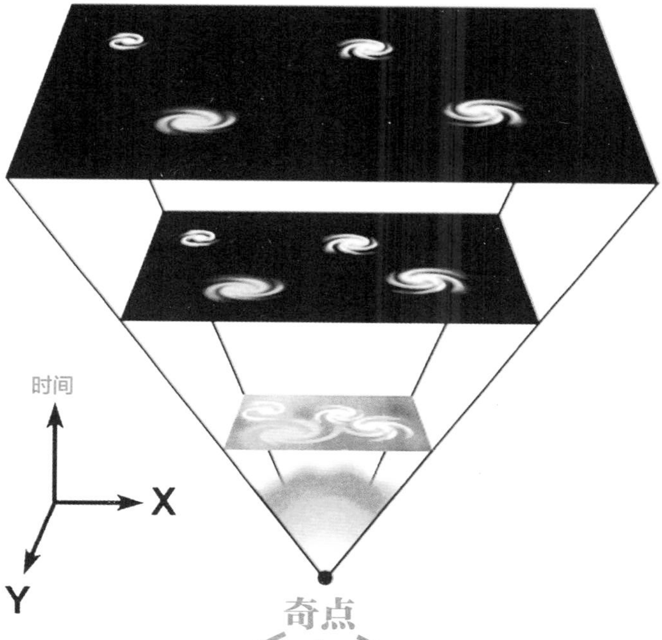

奇点，是没有大小的“几何点”，就是不实际存在的点。但是这个没有大小的点，却有着无限大的质量和密度。

奇点处，没有时间和空间，空间－时间在该处完结。也就是经典广义相对论所讲的时空曲率无限高。

奇点处爆炸产生了宇宙，那么它应该具有所有形成现在宇宙中所有物质的能量。我们可以想象这个能量是如何巨大。

总之，大爆炸的起始点——奇点，是一个密度无限大、质量无限大、时空曲率无限高、热量无限高、体积无限小的“点”，一切已知的物理定律均在这里失效。

宇宙诞生那一刻

宇宙年龄的测算

随着时间的推移，科学家们对宇宙的年龄不断地作出修正，获得的数据也越来越精确。事实上，这种修正的意义不仅在于数据本身，因为现今的许多研究都是以宇宙诞生的那一刻为起点。

哈勃得出的宇宙年龄

地球上岩石的年龄可以通过测量它含有的某种物质的量来测定。这种物质因放射而减少，含量越少岩石的年龄越老。将测到岩石的物质含量与火山活动形成的新岩石的物质含量作比较，就可以知道岩石生成的时期。

相对来说，要测量宇宙的年龄就不这么简单了。哈勃曾经得出过结论，认为宇宙的年龄是 20 亿年。可是，这个数据几乎是荒谬的。因为哈勃发现宇宙膨胀的时候，人们通过测量地球上的岩石年龄，就已经知道地球诞生至今已超过 40 亿年。

地球比宇宙更古老，这种事当然是不可能的。正因为如此，在当时，宇宙膨胀论的观点不为世人所接受。在这一点上，哈勃也无法作出合理的解释。因此哈勃也不相信宇宙有开始，他把远方星系传来的光线波长变长的原因，归结于光因长距离行进后失去了能量。

数据越来越精确

1994 年，通过哈勃太空望远镜得来的新数据，使得研究者们得出结论说宇宙也许有 80 亿岁，但是这还是要比宇宙中的一些星体年轻一些。

2008 年 3 月，有媒体报道说，美国科学家在对“威尔金森微波各向异性探测器”(WMAP) 传回的观测数据进行分析和计算后，计算出了迄今最为精确的宇宙实际年龄，约为 137.3 亿年，并宣称这个数据的正负误差不超过 1.2 亿年。

地球和宇宙的年龄

2008年，美国科学家对WMAP传回的观测数据进行分析和计算后，计算出了迄今最为精确的宇宙实际年龄，约为137.3亿年。

1944年，沃尔特·巴德发现了星族I和星族II的区别，从而使哈勃计算的宇宙年龄得到修正。

1929年，哈勃算出了宇宙的年龄为20亿年，但这明显是不合情理的。因为这个年龄比地球还要小。

1896年，放射性的发现给地球的年龄提供了最可靠的证据。科学家们利用岩石中铀和铅的含量计算出岩石的年龄。地球以目前的固态形式存在的年龄约为46亿年。

1862年，英国物理学家W.汤姆生认为，地球从早期炽热状态中冷却到如今的状态，需要2000万至4000万年。

1854年，德国的赫尔姆霍茨根据对太阳能量的估算，认为地球的年龄不超过2500万年。

1715年，英国天文学家哈雷利用大洋盐度来推测地球的年龄，结果得出大概为10亿年。

2008年
1944年
1929年
1896年
1862年
1854年
1715年

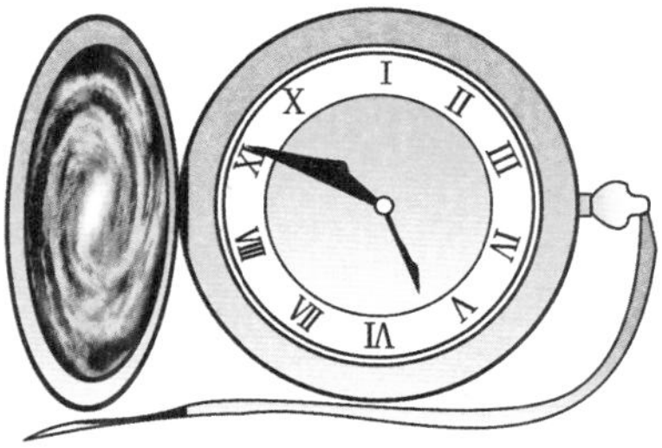

普遍认可的宇宙模型①

热大爆炸模型

热大爆炸模型是最被广为接受的宇宙模型。该模型最核心的观点是在宇宙大爆炸之后，宇宙按照弗里德曼提出的膨胀模型开始不断膨胀。

最开始的事

在宇宙大爆炸发生的那一刻，宇宙的大小为零，温度无限高。大爆炸之后，随着辐射以及宇宙范围的扩大，宇宙的温度开始下降。在大爆炸后 1 秒，下降到大约 100 亿度。此时宇宙中可能主要有光子、电子、中微子，以及它们的反粒子构成，同时还包含一些质子和中子。

随着宇宙继续膨胀，温度也逐渐下降，电子以及电子对的碰撞产生速率小于相互湮没变成光子的速率。电子对湮没产生光子，剩余少量没有湮没的电子。

元素的产生

宇宙的早期，温度极高，密度也相当大，整个宇宙体系中只有一些微小的粒子存在，就像是一锅沸腾的粒子汤。大爆炸后 1 秒，温度为 100 亿度，中微子向外逃逸，正负电子湮没反应出现，但核力尚不足束缚中子和质子。大爆炸后 100 秒，温度下降到了 10 亿度左右。此时，质子和中子之间运动的能量已不足以摆脱核力的束缚，开始形成由一个中子和一个质子组成的氘核，而氘核和更多的质子以及中子结合生成氦核（两个中子和两个质子）。此时也有可能生成少量更重的锂核和铍核。大爆炸后几个小时，氢以及其他元素已经停止产生，当温度下降到几千度的时候，原子核和电子开始结合生成原子。

俄国化学家门捷列夫根据不同原子的化学性质，将当时已知的 63 种元素排列在一张表中，这就是元素周期表的雏形。如今，元素周期表中的元素数目已增至 118 种。

元素起源研究简史

元素起源是宇宙物质的形成和演化问题的一个组成部分。元素起源理论是在元素宇宙丰度的测定、现代核结构理论和宇宙起源理论的基础上逐步完善起来的。

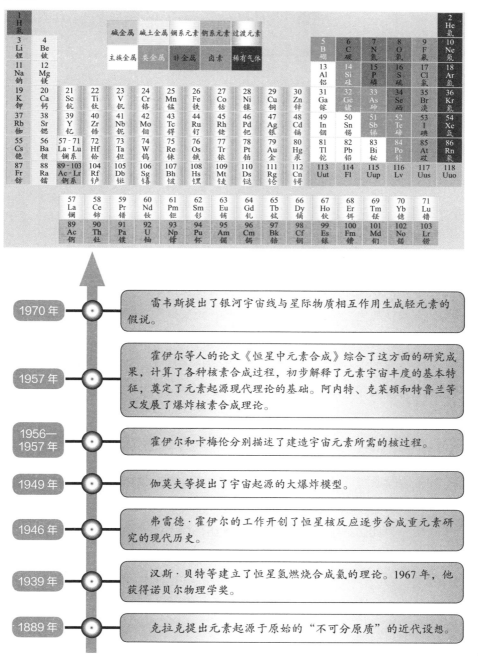

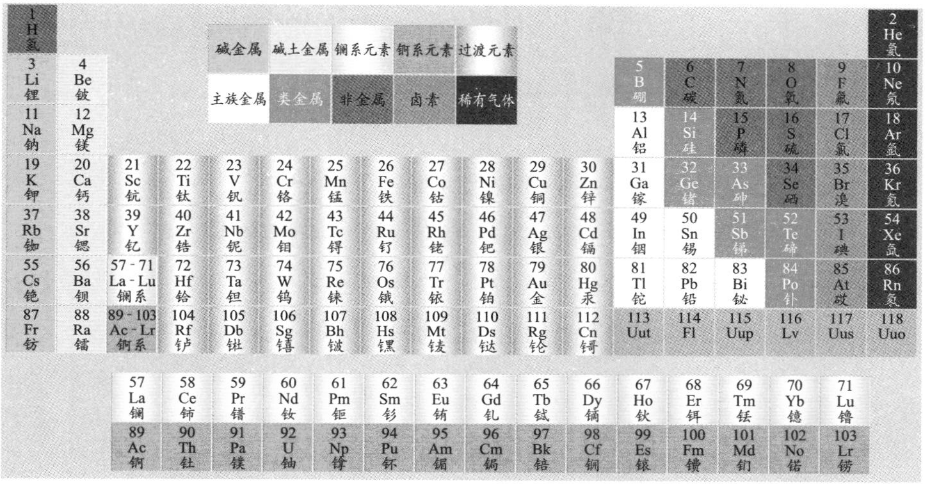

- **1970年** 雷韦斯提出了银河宇宙线与星际物质相互作用生成轻元素的假说。
- **1957年** 霍伊尔等人的论文《恒星中元素合成》综合了这方面的研究成果，计算了各种核素合成过程，初步解释了元素宇宙丰度的基本特征，奠定了元素起源现代理论的基础。阿内特、克莱顿和特鲁兰等又发展了爆炸核素合成理论。
- **1956—1957年** 霍伊尔和卡梅伦分别描述了建造宇宙元素所需的核过程。
- **1949年** 伽莫夫等提出了宇宙起源的大爆炸模型。
- **1946年** 弗雷德·霍伊尔的工作开创了恒星核反应逐步合成重元素研究的现代历史。
- **1939年** 汉斯·贝特等建立了恒星氢燃烧合成氦的理论。1967年，他获得诺贝尔物理学奖。
- **1889年** 克拉克提出元素起源于原始的“不可分原质”的近代设想。

5

普遍认可的宇宙模型②

出现恒星和星系

在宇宙大爆炸后仅仅2.5亿年的时间里，在距离我们132亿光年远的星系中形成了一颗恒星，黑暗的宇宙迎来了曙光。

星系的产生

宇宙在大爆炸之后的一百多年里继续膨胀，在一些密度稍大于平均值的区域里，膨胀作用因为引力而发生塌缩。该区域之外的物质回收引力作用发生转动，就形成了盘状螺旋星系。星系越小，内部的引力也就更强。而此时它们就必须转动的足够快，以和这种较大引力达到平衡状态。

恒星的产生与演变

星系中的气体会形成小星云。小星云在自身引力以及热核反应之间达到平衡，形成一种较为稳定的状态——恒星。质量越大的恒星想要维持平衡就必须产生更多的热核反应，释放能量，也就往往燃烧得越快，生命越短暂。当恒星的氢燃料被消耗完之后，体积会收缩一些，由氢聚变产生的氦核将会转变成原子核更重的元素释放维持体积的能量。但此时能产生的能量相较于之前就少得多，这类恒星的中心区域会进行坍缩，形成中子星或者黑洞。它们外部的物质可能会被爆炸的超新星所产成的冲击波吹到星系气体之中，成为产生新恒星的原材料。

我们的太阳

我们的太阳并不是一个形成于宇宙之初的恒星。太阳包含有约2%的较重元素，这表明它可能是一颗第二代或者第三代恒星。已经稳定燃烧了50亿年的太阳，此前可能燃烧过更久的时间。在太阳形成之初，星云中的一大部分气体形成太阳，另一大部分被吹走，剩余很少的较重元素形成了太阳系的行星以及小天体等。

星系的集合

所有的星系并非以平均距离等间隔分布，它们会几个几个地聚集在一起，形成星系团。而星系团又会以同样的方式组成超星系团。

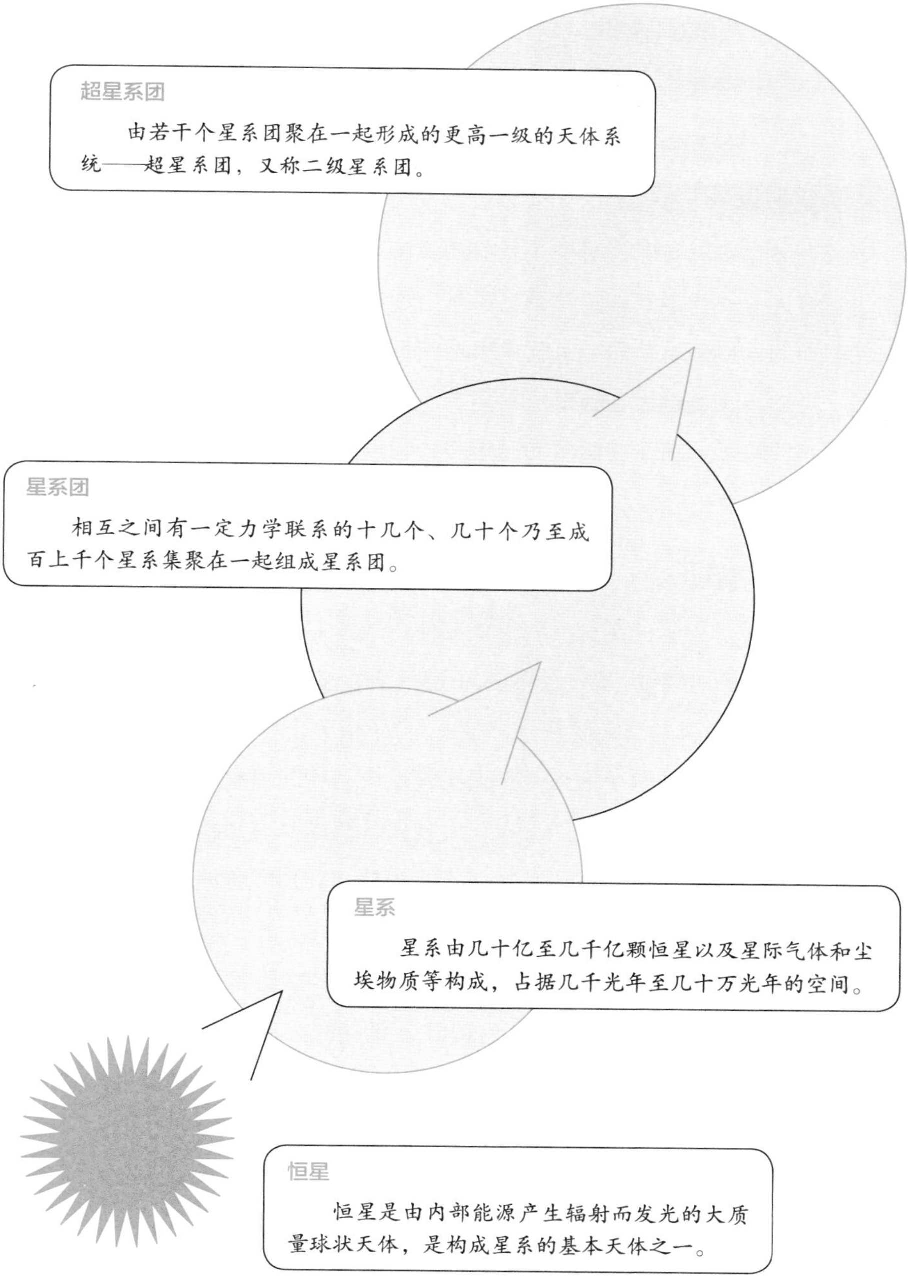

超星系团
由若干个星系团聚在一起形成的更高一级的天体系统——超星系团，又称二级星系团。
星系团
相互之间有一定力学联系的十几个、几十个乃至成百上千个星系集聚在一起组成星系团。
星系
星系由几十亿至几千亿颗恒星以及星际气体和尘埃物质等构成，占据几千光年至几十万光年的空间。
恒星
恒星是由内部能源产生辐射而发光的大质量球状天体，是构成星系的基本天体之一。

更细微的宇宙开端

质子和中子是否也会瓦解

我们知道，宇宙初始时，质子、中子、电子与光等粒子互相激烈地碰撞，是一片混沌世界。但宇宙开端时，这些粒子就存在吗？它们是否还可以分解为更微小的粒子？

探索更初始的宇宙

要弄清楚宇宙开端时的景象，就必需解答上面的问题。质子、中子、电子究竟是不能再分解的最基础的粒子，还是由更小粒子集合形成的合成物？根据我们在前面的论述，越是向宇宙的过去推演，温度越高，密度越大，粒子活动越剧烈，光的波长也越短，辐射能量越大。这样一来，质子、中子和电子如果不是最基本的粒子，在往前推演的过程中，它们同样会被瓦解，被高能量的射线破坏，飞出更微小的粒子。

加速器的出现

要了解质子、中子的结构，我们就要使用加速器，这是一种运用人工方法产生高速带电粒子的装置。先让我们来了解一下加速器的历史。

1919 年，英国科学家卢瑟福用高速 α 粒子束轰击厚度仅为 0.0004 厘米的金属箔，实现了人类科学史上第一次人工核反应。卢瑟福利用金属箔后放置的硫化锌荧光屏测得了粒子散射的分布，发现原子核本身有结构。在这之后，科学家们开始制造更高能量的粒子，来探索原子核和其他粒子的性质、内部结构及其相互作用。

1932 年，美国科学家柯克罗夫特和爱尔兰科学家沃尔顿建造了世界上第一台直流加速器。他们也因此获得了 1951 年的诺贝尔物理学奖。之后，各种类型的加速器被制造出来，产生的带电粒子能量也越来越高。对撞机就是加速器的一种。

探寻更小的粒子

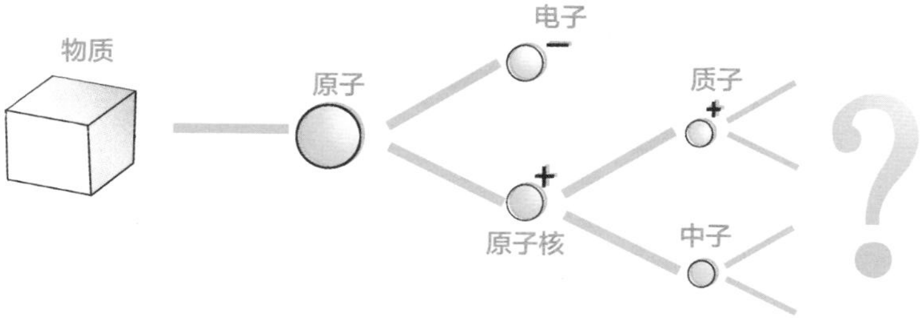

既然在宇宙早期，原子核也会因高温、高密度状态下的粒子碰撞而瓦解成质子和中子，那么在更早期，质子和中子会不会被瓦解成更小的粒子？

1906 年，卢瑟福开始研究原子内部结构。他认为要了解原子内部的情形，最好的办法是把它砸开。他选择 α 粒子作为砸开原子的子弹。

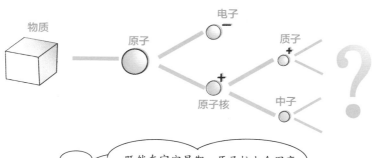

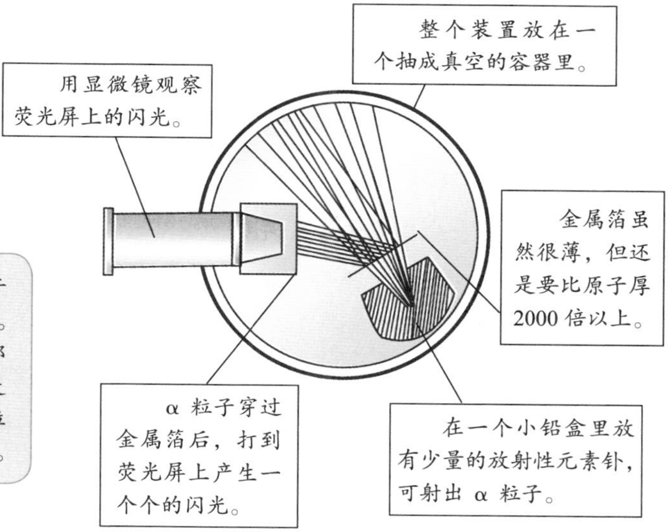

整个装置放在一个抽成真空的容器里。
用显微镜观察荧光屏上的闪光。
金属箔虽然很薄，但还是要比原子厚 2000 倍以上。
α 粒子穿过金属箔后，打到荧光屏上产生一个个的闪光。
在一个小铅盒里放有少量的放射性元素钋，可射出 α 粒子。

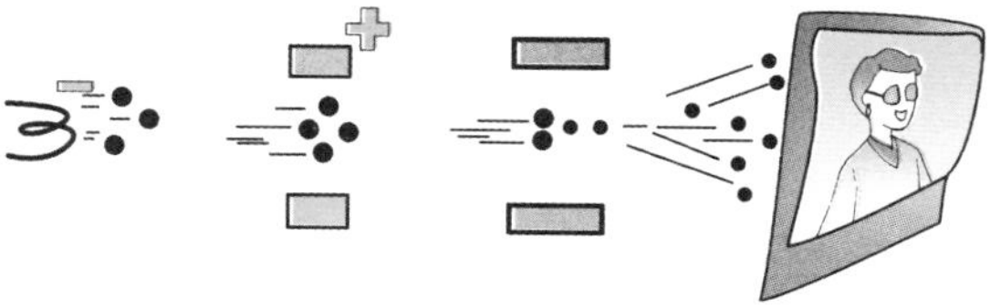

在生活中，电视的显像管就是小型的粒子加速器。加速器的出现使发现更小的粒子成为可能。

7

比质子和中子更小的粒子
物质由夸克构成

巨大的加速器让我们对物质的构造有了新的认识，质子、中子并不是构成物质的最基本粒子，它们是由被称为夸克的粒子构成的。

夸克的发现

1964年，美国物理学家默里·盖尔曼和G.茨威格各自独立提出了中子、质子是由更基本的单元——夸克组成的。夸克一词是由盖尔曼取自詹姆斯·乔伊斯的小说《芬尼根彻夜祭》，其中有这样的句子：“为马克王，三呼夸克（Three quarks for Muster Mark）。”

夸克具有分数电荷，基本电量为－1/3或+2/3。到目前为止，有六种夸克被发现，分别为上夸克、下夸克、粲夸克、奇夸克、顶夸克和底夸克。华裔物理学家丁肇中便因发现粲夸克而获得诺贝尔物理学奖。

质子和中子的结构

质子由2个上夸克1个下夸克组成，中子由1个上夸克2个下夸克组成。上夸克带+2/3电子电荷，下夸克带－1/3电子电荷。上、下夸克的质量略微不同。中子的质量也比质子的质量略大一点点。

正如我们前面所说的，质子和中子靠介子的交换紧密结合，而夸克之间也由能产生更强力的胶子结合。我们把介子产生的力称为核力，把胶子产生的力称为强作用力。质子、中子这类靠强相互作用影响的粒子就被称为强子。

这样我们就可以想象，在宇宙大爆炸之后的百万分之一秒钟内，并不存在质子和中子，只有混合着自由夸克和胶子的灼热物质向四面八方喷溅。之后，当宇宙的温度和密度迅速减小，夸克和胶子组成了不同性质的粒子。同时，夸克和胶子作为一种自由粒子的形态，也在宇宙中消失。

6 种夸克

U 上夸克

D 下夸克

S 奇夸克

1964 年，盖尔曼提出大多数基本粒子都是由夸克组成的，他将夸克分为 3 种。盖尔曼也因此获得 1969 年诺贝尔物理学奖。

C 粲夸克

1974 年，丁肇中和里克特分别独立地发现了新粒子 J/ψ，其质量约为质子质量的 3 倍，原有的夸克理论无法解释，因此引入了第四种夸克——粲夸克。

B 底夸克

1977 年，美国科学家莱德曼发现了由第五种更重的夸克——底夸克构成的强子。

T 顶夸克

1994 年，美国费米实验室对有疑问的夸克的轨迹做了几千次的测量，找到了顶夸克存在的证据。

宇宙中的幽灵怪客

中微子

中微子个头小，不带电，质量也几乎为0，却能自由穿过地球，几乎不与任何物质发生作用，它号称宇宙间的隐者。科学家观测它颇费周折，从预言它的存在到发现它，用了很多年的时间。

不可捉摸的过客

在微观世界中，中微子一直是一个无所不在而又不可捉摸的隐者。产生中微子的途径有很多，如恒星内部的核反应、超新星的爆发、宇宙射线与地球大气层的撞击，以至于地球上岩石等各种物质的衰变等。但是它与物质的相互作用极弱，以致人们至今对它的认识还很肤浅，就连它有无质量也还没有搞清楚。

1930年，奥地利物理学家泡利提出了一个假说，认为在β衰变过程中，除了电子之外，同时还有一种静止质量为零、电中性，与光子有所不同的新粒子放射出去，带走了另一部分能量。这种粒子与物质的相互作用极弱，以至仪器很难探测得到。这种粒子后来被命名为“中微子”。

但是，在泡利提出中微子假说后，又经过很多年，才由美国物理学家弗雷德里克·莱因斯第一次捕捉到了中微子，而他也因此获得1995年诺贝尔物理学奖。

决定宇宙的质量

原生的中微子在宇宙大爆炸时产生，现在成为温度很低的宇宙背景中微子。单个中微子的质量虽然微不足道，但在整个宇宙中，中微子的数量却极其巨大，平均每立方厘米有300个，密度与光子相仿，比其他所有粒子都要多出数十亿倍。虽然现代科学还没有办法确定它有无质量，但这一问题却关系着宇宙如何演变到今天的过程。如果中微子具有静止质量，其总质量将会非常惊人，联系我们前面所说的开放宇宙和闭合宇宙，中微子就决定着宇宙是膨胀还是收缩。

宇宙中的幽灵怪客——中微子

中微子个头小，不带电，目前也没有办法确定它有无质量，科学家发现它费了一番功夫。而它的质量问题还可能关系到宇宙演变进程。

- 在宇宙大爆炸时产生。
- 超新星爆发等巨型天体活动中产生。
- 恒星通过轻核反应产生。
- 高能宇宙线与大气层的原子核发生核反应产生。
- 宇宙线高能粒子与宇宙微波背景辐射碰撞产生。
- 宇宙线高能质子与星体物质原子核核反应产生。
- 地球上的物质 β 衰变产生。

1930 年

1930 年，德国科学家泡利预言中微子的存在。

泡利

1956 年

1956 年，美国的莱因斯直接观测到中微子，获 1995 年诺贝尔奖。

莱因斯

1962 年

1962 年，美国的莱德曼、舒瓦茨、斯坦伯格发现第二种中微子，获 1988 年诺贝尔奖。

1968 年

1968 年，美国的戴维斯发现太阳中微子失踪，获 2002 年诺贝尔奖。

1987 年

1987 年，日本神岗实验和美国 IMB 实验观测到超新星中微子。日本的小柴昌俊获 2002 年诺贝尔奖。

小柴昌俊

它横穿宇宙，无所不在。

9

反物质哪里去了

磁单极概念的引入

既然在宇宙初期反物质大量存在，那么在现在的宇宙中，为什么在自然状态下没有由反粒子构成的反物质呢？理论上粒子和反粒子应该是同样存在的。

“一边倒”状态

粒子与反粒子的诸多性质正好相反，即具有相反的正负号，恰似一块磁铁的北极和南极。在实验室内产生粒子和反粒子时两者是完全平等的。那么，是否宇宙初期产生的反粒子和粒子也相等呢？如果也是相等的，为什么当我们收集宇宙射线时，却发现宇宙中鲜有反物质存在。宇宙是由物质，而不是反物质占着主导地位。

如果宇宙初始状态是物质与反物质均等的状态，再假如物质不能转变为反物质的话，那么这样一种状态就不可能转变为我们今天所见的“一边倒”状态。

大统一理论

20 世纪 70 年代，粒子物理学家开始将电磁力、弱作用力、强力纳入“大统一理论”。 科学家们认为，自然力的强度随环境的温度的变化而变化。在非常高的能量下，上面所说的 3 种力应变得大致相等，该能量远远大于任何可以设想的地球上的粒子对撞机所能产生的能量，而与宇宙本身肇始之后约 10—35 秒所历经的能量相等。

这种大统一理论几乎不可必免地引出两类新粒子。第一类我们称之为 χ 粒子，它可以将物质转变为反物质。因为只有能够发生这样的转化，才有可能存在一组关于基本粒子相互作用的真正统一的定律。这一特征使这些大统一理论能够为宇宙中某种奇怪的“一边倒”现象作出解释。

χ 粒子很快就衰变成了其他粒子，如夸克与电子。而大统一理论引出的另一类粒子就是所谓的磁单极。

大统一理论下的宇宙历史

大统一理论认为，当你沿着宇宙的历史往回追溯得越来越早时，预期会见到早期宇宙温度演变。当温度增高时，自然力的有效强度亦增大，预期将会出现各种力的统一。

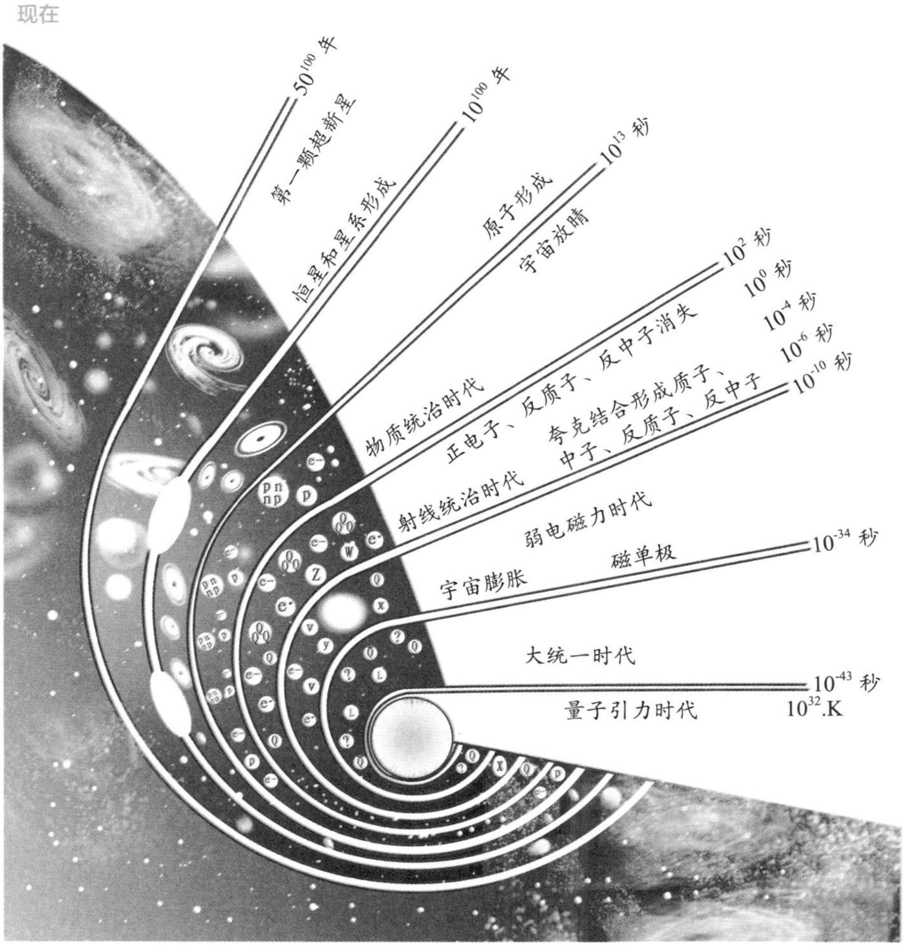

10

悬而未决的问题

热大爆炸模型的理论困境

热大爆炸模型为宇宙的起源提供了一种可行的解释，但这一宇宙模型对宇宙膨胀速率这一问题的处理不够慎重。

遗留的问题

热大爆炸模型首先设定了早期宇宙非常热的前提，但没能给出为什么早期宇宙会如此热？为什么宇宙在大尺度上各个方向是均一的，也即是为什么从空间上的任何点上出发所有方向上都是相同的？大尺度上各项同性，那又是什么理由促使宇宙中小范围的之间密度产生差别呢，密度涨落的根本原因是什么？热大爆炸模型最根本的问题在于为什么宇宙能以恰如其分的速率开始膨胀？倘若大爆炸后 1 秒的膨胀速率发生十亿亿分之一范围内的波动，宇宙就可能在达到现在的状态之前坍缩，或者宇宙膨胀到几近空无一物。

失效的广义相对论

广义相对论预言宇宙诞生于密度无穷大的奇点，在大爆炸奇点处，广义相对论以及其他的物理学定律将失效。类似于黑洞无毛，在大爆炸之前发生的事情都不会对现在可观测到的现象产生任何影响：大爆炸成为时间和空间的开端。

问题的关键在于，为什么宇宙恰好能以临界速率膨胀？此外关于各向同性的宇宙观测现象也要求初始宇宙在不同区域必须以完全相同的温度开始膨胀。热大爆炸模型将宇宙的开始导向了一个必须非常确切的，不允许有丝毫偏差的境地，这一宇宙模型显得摇摇晃晃。

广义相对论

广义相对论是现代物理中基于相对性原理利用几何语言描述的引力理论。该理论由爱因斯坦等人自1907年开始发展，最终在1915年基本完成。在广义相对论中，引力被描述为时空的一种几何属性（曲率），而时空的曲率则通过爱因斯坦场方程和处于其中的物质及辐射的能量与动量联系在一起。

发展过程

1915年后 广义相对论的发展多集中在解开场方程式上，解答的物理解释以及寻求可能的实验与观测也占了很大的一部份。

1915年 爱因斯坦引力场方程发表了出来，整个广义相对论的动力学才终于完成。

1912年 爱因斯坦发表了另外一篇论文，探讨如何将重力场用几何的语言来描述。至此，广义相对论的运动学出现了。

1905年 爱因斯坦在发表了一篇探讨光线在狭义相对论中重力和加速度对其影响的论文，广义相对论的雏型就此开始形成。

三大验证

可供实验验证的推论

- 第一，水星轨道近日点的进动。
- 第二，光线在引力场中的偏转。
- 第三，在强引力场中，时钟要走得慢些，因此从巨大质量的星体表面射到地球上的光的谱线，必定显得要向光谱的红端移动。

殊途同归的宇宙模型①

暴胀模型

为解释大爆炸宇宙模型最初一刹那所存在的问题，1979—1981年，由阿兰·古斯、温伯格和威尔茨克印根据粒子物理大统一理论首先提出了一种仍属半经典理论的宇宙模型——暴胀模型，极好地避免了热大爆炸模型产生的关于宇宙极早期膨胀速率以及温度的问题。该模型允许大爆炸之后不同的宇宙膨胀速率最终导向同一个宇宙，即现在的宇宙状态。

宇宙的“过冷状态”

过冷，指温度低于凝固点但仍不凝固或结晶的液体状态。过冷液体是不稳定的，只要投入少许该物质的晶体，便能诱发结晶，并使过冷液体的温度回升到凝固点。美国理论物理学家阿兰·古斯认为宇宙也曾存在过冷状态。他认为，在宇宙大爆炸之初，宇宙的温度高到足以使强核力、弱核力以及电磁力合并成一种力。但这种统一的对称性极容易受到干扰，强核力、弱核力以及电磁力变得不同。

暴胀模型

暴胀是一个过冷膨胀阶段，期间宇宙的温度降低了100000倍。实际降温程度在不同模型之间具有差异，在最早期的模型中一般从10^{27}K降至10^{22}K。暴胀其间温度都保持在相对低温的状态。当暴胀结束后，温度再恢复到暴胀前的水平，这一过程称为“再加热”或“热化”。

阿兰·古斯提出了暴胀模型，他认为在宇宙早期存在着一个短期指数级膨胀。暴胀能够解决人们于20世纪70年代在大爆炸宇宙学中所发现的若干个疑点和难题，使宇宙以动态的方式自然达到这一特殊状态，使我们的宇宙在大爆炸理论中存在的概率大大提高。

暴胀宇宙模型

在物理宇宙学中，宇宙暴胀，简称暴胀，是早期宇宙的一种空间膨胀呈加速度状态的过程。按照古斯理论，暴胀过程发生在宇宙大爆炸之后的 10^{-36} 秒到 10^{-32} 秒之间。在暴胀结束后，宇宙继续膨胀，但是膨胀速度则小得多。

阿兰·古斯

1947 年，古斯出生在美国新泽西州布伦斯威克。1964 年，古斯进入麻省理工学院就读，先后获得物理学学士和硕士学位。1972 年获得理论粒子物理学博士学位。美国理论物理学家、宇宙学家，麻省理工学院教授，宇宙学中暴胀模型的创立者。

暴胀理论的研究历程

1978 年 → 古斯在康乃尔大学发生首度发展宇宙暴胀理论，当时他参加了美国物理学家罗伯特·迪克有关宇宙学平坦性问题的演讲。

1979 年 → 古斯参加史蒂文·温伯格的演讲并提出，早期宇宙温度下降时，它正处于一个具有高能量密度的假真空当中，而假真空与宇宙常数的效应十分相似。极早期宇宙在降温的时候，它处于一种过冷状态。

1980 年 1 月 → 阿兰·古斯在 SLAC 国家加速器实验室研讨会公布他对宇宙暴胀的想法，解决大统一理论中充斥着磁单极子的问题。

1980 年 8 月 → 他在《物理评论》发表论文，标题为“宇宙暴胀：一个视界问题和平坦性问题可能的解决方案”。

1981 年 12 月 → 阿兰·古斯读到莫斯科物理学家安德烈·林德的论文，他认为整个宇宙包覆在一个泡沫内，所以没有认为物质被泡沫壁碰撞摧毁。这个结论来自西德尼·科尔曼和埃里克·温伯格提出的希格斯场与能量图。

1983 年 → 阿兰·古斯发表论文，解释暴胀模型。然而他仍坚持早期宇宙的空间膨胀呈加速度状态。

12

殊途同归的宇宙模型②
“终极免费午餐”

阿兰·古斯把暴胀宇宙称为“终极免费午餐”，与我们的宇宙相似的新宇宙会在浩大的暴胀背景中持续产生。

被围困的宇宙常数

为了使宇宙能够维持在一个稳定的状态，爱因斯坦为相对论引入了一个宇宙常数。这个宇宙常数表示的斥力作用会使宇宙以递增的速率进行膨胀，即使宇宙的平均密度比现在大，也仍旧以加速暴胀的方式进行膨胀。物质粒子离得越来越远，而此时力之间的对称性还未被破坏，宇宙还处于过冷状态。宇宙中任何的不平滑会完全被膨胀抹平，膨胀速率也会恰好维持在宇宙不会坍缩的临界范围。

从 0 到 0 的无数倍

暴胀概念借鉴量子理论，认为宇宙区域内大约有 10^{80} 个粒子，这些粒子以粒子 / 反粒子对的形式从能量里产生。能量是一个从 0 到正负能量的过程。

阿兰·古斯认为宇宙的暴胀过程就像一顿极其丰盛的免费午餐。两个相互吸引靠近的物体比两个等同的具有同样距离而静止的物体系统具有较少的能量，因为克服它们之间相互吸引靠近的作用需要消耗能量。这个例子反过来说，也完全成立。从某种意义上说，引力场具有负能量。就整个宇宙而言，宇宙的总能量为 0，这个负的能量场恰好与物质的正能量抵消。

在不违反能量守恒的情况下，能量与负能量相伴产生，宇宙不断膨胀，正的宇宙能量和负的引力能量也都翻倍。暴胀阶段就是能量与负能量指数级增长的一个阶段。

宇宙的膨胀

宇宙的历史

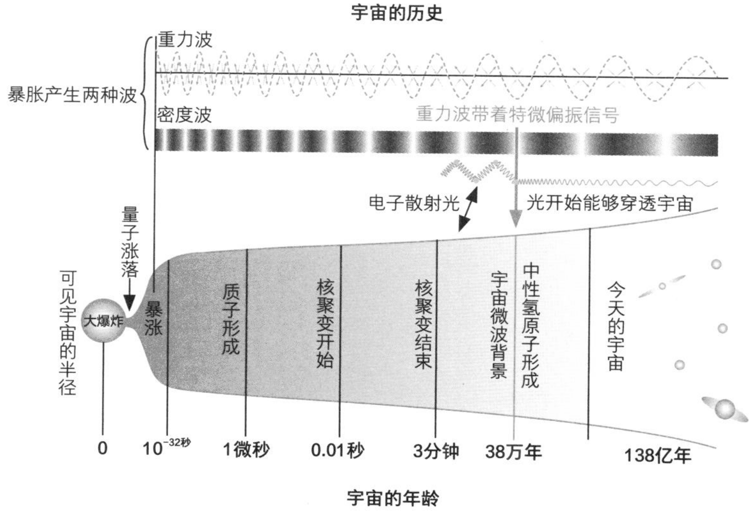

宇宙膨胀比例系数

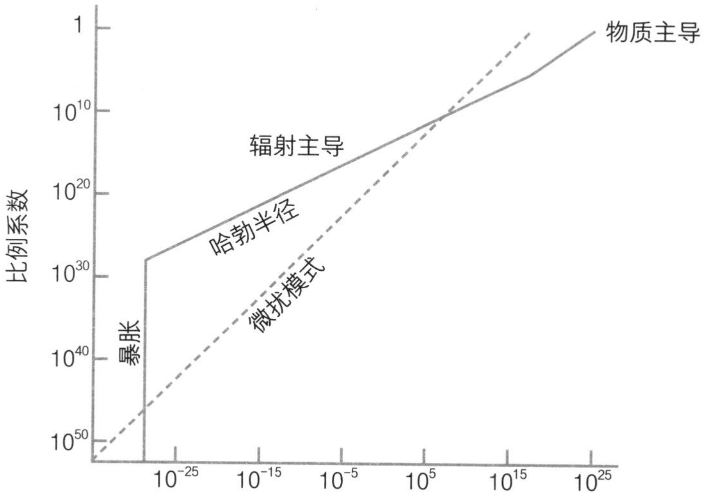

哈勃半径实际大小（实线）作为宇宙膨胀比例系数的函数。在宇宙暴胀过程中，哈勃半径维持不变。图中也显示微扰模式（虚线）的实际波长。从图可见，微扰模式在暴胀阶段超出了视界，然后当视界在辐射主导阶段迅速膨胀时，微扰模式再落入到视界之内。如果宇宙暴胀从未发生过，辐射主导阶段一直延续到引力奇点，那么在早期宇宙中，微扰模式就一直都处于视界以内，从未超出过。这样因果机制就无法产生在微扰模式尺度上的同质均匀性。

13

巨大的气泡

对称性缓慢破缺模型

现在的宇宙已经不再暴胀，恰好以临界速率膨胀，但是到底是什么因素使得宇宙的膨胀速率从加速状态转变到被引力减慢的呢？又为什么使得宇宙的不同区域维持在相同的温度呢？可以预见的是随着宇宙的膨胀与冷却，力与力之间的对称性最终会出现破缺，正如过冷态水最终会结冰一样。

迅速的相变

在阿兰·古斯的原始模型中，如果对称性破坏是突然发生的，那么宇宙的相变就会像在过冷的水中投入冰晶一样。古斯暴胀结束时的对称性破缺是所谓的一级相变，像水结冰——内能、体积、熵都有突变，是一个非常迅速的释能过程。这个过程的能量释放非常猛烈，以至于暴胀过程中形成的均匀性遭到很大程度的破坏，这与现今对宇宙背景辐射等的观测发生矛盾。

缓慢的相变

相较于一级相变，安德烈·林德借用二级相变的方式来解释宇宙的这种状态转变。林德暴胀结束时的对称性破缺是所谓的二级相变，像高温下磁铁会变成非磁性材料——内能、体积、熵都没有突变，但其他物理性质，比如磁性、热容量、压缩系数等会有突变。这个过程没有释能，只是导致暴胀的负压斥性物质（类似于如今推动宇宙加速膨胀的暗能量）转变成比较普通的正压引性物质。转变是相对温和的，因而，均匀性得以延续。

打个比方来说，这种相变更像是在加热沸腾的水中产生的水蒸气泡，这种泡泡非常大。宇宙中我们的区域可能就包含在一个泡泡里。根据大统一理论，这种对称性缓慢破缺的转变是完全有可能的。

对称性破缺

对称性破缺指物理学中，在具有某种对称性的物理系统之临界点附近发生的微小振荡，通过选择所有可能分岔中的一个分岔，打破了这物理系统的对称性，并且决定了这物理系统的命运。例如当水温降至接近冰点时，水中各处看起来皆相同，因此水系统具有空间上的对称性。此时若某处的温度振荡至低于冰点，便破坏了对称性，且决定了所凝固之冰的结构。

实例

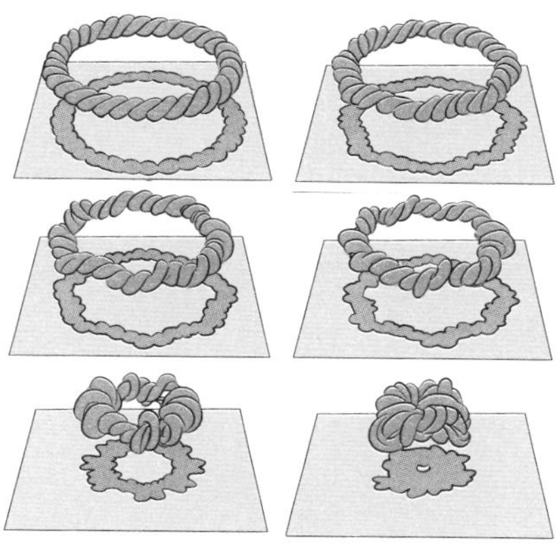

对称参量环面的扭结超过临界值，系统向对称性较低的稳定状态过渡。在哪里形成新的结并不重要，因为整个变化过程是混沌的。

从对称性自发破缺到质量的起源

既然对称性会破缺，那么它是如何破缺的？这个问题在 1960 年前后进入了科学家南部阳一郎的研究视野，他提出了对称性自发破缺的概念，并由于这一工作获得了 2008 年诺贝尔物理学奖。如果把对称性自发破缺的概念用到某一类可以描述现实世界的理论中，就可以使某些基本粒子获得质量。他们的这一发现是人类迄今提出的解释质量起源问题的最重要的机制之一。

南部阳一郎，美籍日裔物理学家，出生于1921年1月18日，1952年获东京大学博士学位，1970 年入美国国籍，目前在美国芝加哥大学费米研究所。南部阳一郎主要从事场论研究，除此次获奖的工作外，他还是弦理论的创始人之一。

14

理论物理上最深奥的问题之一

调和广义相对论与量子力学

尝试结合广义相对论与量子力学是当前物理学尚未解决的问题，主流尝试理论有：超弦理论、圈量子引力论。

时间开端处的定律

为了推测出宇宙开始时的情形，我们需要一个能在此处依旧适用的定律。量子引力，研究方向主要尝试结合广义相对论与量子力学，是对引力场进行量子化描述的理论，属于万有理论之一。引力波的发现，为量子引力理论提供了新的佐证。广义相对论指出，奇点，作为时间的开端，密度和曲率都无穷大，所有已知的经典定律在这个点上都会失效。不过，奇点定律同时指出奇点处的引力场如此之强，量子引力效应就会变得很明显。这是相对论与量子力学难以相容的一个方面。

爱因斯坦的忍耐

爱因斯坦是一个深为量子力学混乱状况所苦的人。1905 年，他提出了一个自己很不喜欢但却很有说服力的观点：光子有时候表现得像粒子，有时候则比较像波。爱因斯坦不愿意接受这个相当长一段时间难以理解的量子世界，并且不相容原理中的现象则完全违反了狭义相对论。此外有些物理学家坚持认为，在亚原子层面上，信息可以以某种办法超过光速。

超舷理论发展史

1996 黑洞的熵

1974年，霍金认为黑洞并非完全的黑，而是会有辐射能量的放射。由这个角度，黑洞必须拥有熵。哈佛大学的施特罗明格和瓦发发现由M理论所计划出来的黑洞的熵符合霍金所预测的值。1996年，罗格斯大学的本克和其他科学家指出我们的时空几何可能是非交换的，即XY不等于YX。这显示着我们时空的结构可能比我们所想的还要复杂。

1991 第二次革命

到了第二次革命前，已有五种不同版本的弦理论。虽然弦论的成功给万有理论带来了一线曙光，但依然引起了一些疑问。到了20世纪90年代，物理学家开始了解到各种版本的对偶性。最重要的突破是在1995年，当时在南加州大学的威顿将迄今所知的各种对偶性统一在了十一维的M理论之下。

1984 第一次革命

1984年，普林斯顿大学的格罗斯和他的同事发现了一个利用单环圈混合两种振动的方法，十维振动用一种方式绕着环圈，二十六维振动用另一种方式绕着环圈。这个版本的弦论被称为混合弦。

1980 超弦

第一个超弦理论模型在1980年由史瓦兹和格林所发展，处理在十维空间里的开弦振荡，彼此间能够联结或断裂。

1976 超重力

1976年，纽约大学石溪分校的费里曼、斐拉和冯纽文惠仁写下了他们超对称重力理论的版本。

1974 重力子

1974年，就在量子色动力学能够将强子描述得很完备的同时，史瓦兹和他的同事发现了弦论和重力之间的关系。重力子是想象中描述量子重力场论的媒介，由于这个特性，弦论成为了量子重力理论的候选人。

1971 超对称理论

最早的超对称理论是由威斯和苏米诺所提出的。

1970 弦的诞生

弦理论的雏形是在1968年由加布里埃莱·韦内齐亚诺提出的。有说法称，他原本是要找能描述原子核内的强作用力的数学函数，然后在一本老旧的数学书里找到了有200年历史的欧拉贝塔函数。不久后，李奥纳特·萨斯坎德发现，这函数可理解为一小段类似橡皮筋那样可扭曲抖动的有弹性的“线段”，日后发展成“弦理论”。

1926 克鲁扎–克莱因理论

1926年，克鲁扎率先发表一篇论文，之后克莱因加以改进，形成了所谓的克鲁扎–克莱因理论——试图结合马克思威尔的电磁学方程式和爱因斯坦重力方程式。可说是超弦理论的先声。

15

“大统一理论”

两种理论的“拉锯战”

量子力学与广义相对论最容易理解的拉锯战表现在三个方面：广义相对论预言了自己在奇点会失效，而量子力学在奇点附近则会和广义相对论格格不入；在海森堡测不准原理下，粒子的位置与速度无法同时确知，因此尚不清楚如何决定一个粒子的引力场；量子力学暗示超光速现象，而相对论中光速是无法超越的。

难以调和的理论

物理学发展至此形成了两套理论，各自用来解释微观世界以及宏观世界。两种理论在一定范围内并行不悖，但却难以完美融合。追求完美的爱因斯坦不喜欢这种状况，在他的后半生中，他全心寻找一种“大统一理论”来解释这些问题。遗憾的是，他最终并没有得到合理的解释。量子理论之父马克斯·普朗克进行的同类尝试也最终以失败而告终。

统一理论应具有的特征

虽然目前仍旧没有发现一种可以将相对论与量子力学完美融合的理论，但这种被期待的理论已经有了一些大致的轮廓——这一理论必须结合费曼提出的计算方法，对历史进行求和，以此来描述量子力学。

为了避免对历史求和引起的技术难题，我们需使用虚时间这一概念，此时描述事件的时间坐标为虚数，时空称为欧几里得时空。使用虚时间只是一种数学上的解决方法。而事实情况中，欧几里得时空很可能是基本事实，而我们看作的时空只是我们虚构的产物。

宇宙弦

宇宙弦是尚未得到验证的、理论上可能存在的物质。不论宇宙弦是否存在，用它对宇宙结构进行阐述却很圆满。

宇宙弦是一个极高密度的能量线，它非常细，却又是异常地重。

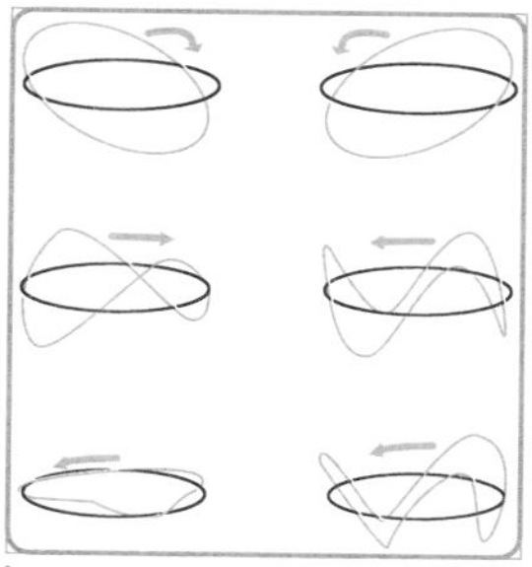

由于这种弦的密度极大，因此引力极强。一段具有两个端点的有限（短）弦，会很快地收缩形成一个点而消失。因此，存在于宇宙中的弦只有两种。

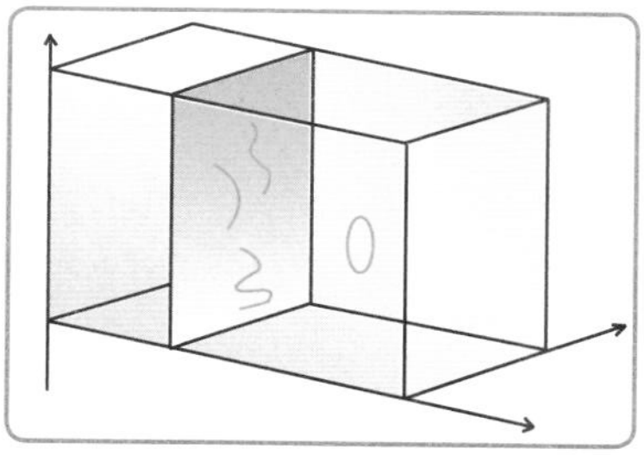

一是横贯宇宙无限长的直弦，另一种是各种大小的环形弦。根据计算，大约有20％的宇宙弦是圆圈形的，其他的弦横越整个宇宙。

宇宙弦形成之后，会发生一系列的“重连”。每条弦的两端相互连接起来，或是与其他弦的两端相连，而演变成大小不同的环状弦或横贯宇宙的长弦。

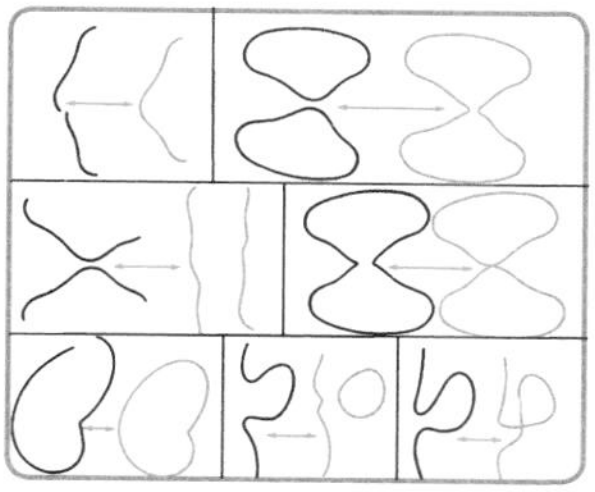

在由环形弦和无限长弦构成的宇宙弦网中，只有环形弦才能吸引周围的物质形成各种天体结构，而无限长的弦却不吸引物质。

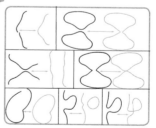

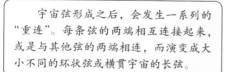

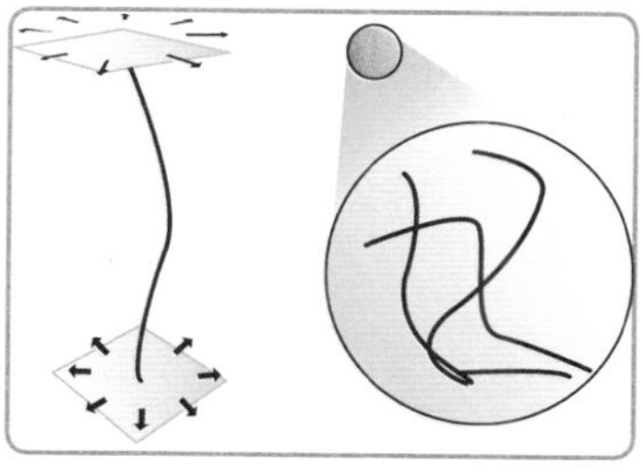

16

是困境亦是机遇

未知的量子引力理论或将成为最伟大的理论之一

量子理论与广义相对论的难以融合是让物理学家们头疼的地方，但也同时让众多物理学家们的眼中闪耀出希望的光。

伟大的理论

伟大的理论往往来自对于两种完全正确而又彼此相悖的理论的完美结合，这样的例子遍布人类科学史。每一次将两种相互矛盾的理论的完美融合，都会带来我们在世界观上的巨大改变。

开普勒的天体椭圆形运动规律与伽利略提出的抛物线定律，被牛顿整合之后提出了万有引力定律；光的波动说支持者与光的微粒说支持者在为了真理相互斗争了百年之后，爱因斯坦提出了光电效应的光量子解释，人们开始意识到光波同时具有波和粒子的双重性质；麦克斯韦将电和磁的性质结合在一起，提出了麦克斯韦方程组；电磁学与经典力学明显存在的不兼容促使爱因斯坦发现了相对论。

科学的迷雾

理论物理学期待着一个更加优秀的理论。在人类智力能达到的最前沿，科学散发出了迷人的魅力。许多科学家都尝试将广义相对论与量子理论进行整合，或者提出一种新的更为简洁优雅的对于宇宙规律的表述方式。在一种新理论提出之时，不乏出现许多批评的声音。而也正是在这些批评中，科学才能够发生进步。现代科学正在被一阵迷雾笼罩，等到迷雾散去，必将是人类认识的再一次飞跃。

圈量子引力理论

圈量子引力认为，时空由一个个体积元——体积量子构成，每个体积元的体积值可以不同，但是都是量子化的，整个体积好比一堆“沙粒”。在体积量子之间，存在隔开它们的曲面，曲面具有面积，面积各有不同。圈量子引力认为，刺穿时将在曲面产生激发，这种激发就是曲面面积。

圈量子引力理论的意义

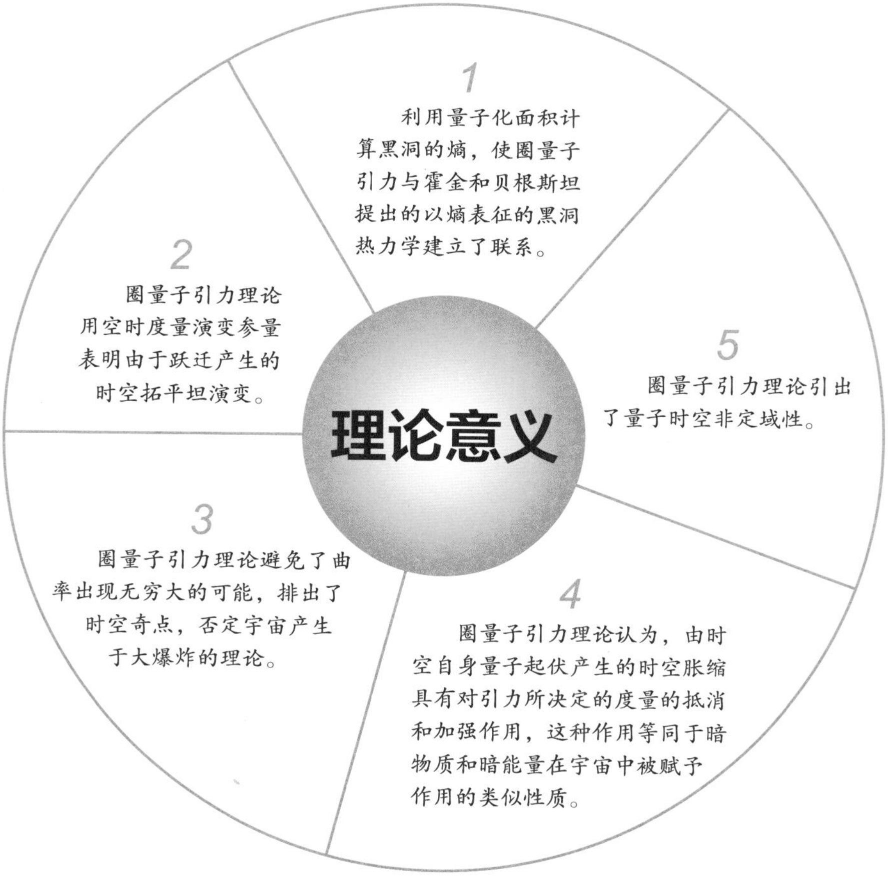

理论意义
1
利用量子化面积计算黑洞的熵，使圈量子引力与霍金和贝根斯坦提出的以熵表征的黑洞热力学建立了联系。
2
圈量子引力理论用空时度量演变参量表明由于跃迁产生的时空拓平坦演变。
3
圈量子引力理论避免了曲率出现无穷大的可能，排出了时空奇点，否定宇宙产生于大爆炸的理论。
4
圈量子引力理论认为，由时空自身量子起伏产生的时空胀缩具有对引力所决定的度量的抵消和加强作用，这种作用等同于暗物质和暗能量在宇宙中被赋予作用的类似性质。
5
圈量子引力理论引出了量子时空非定域性。

17

有限而无界的宇宙

欧几里得时空下的宇宙

值得注意的是，科学理论只不过是我们用来描述我们观测结果的数学模型，这其中“虚时间”“实时间”“大爆炸”等本身并没有什么意义，它们的意义在于哪一种更能有用地描述这些观测结果。

又一种关于宇宙模型的尝试

在经典理论预示的实时空中，宇宙要么存在了无限长的时间，要么从过去某个奇点处开始。但在量子引力理论中，出现了一种新的可能。这种新的宇宙观采用欧几里得时空，时间方向与空间方向等同，时空在范围上可能是有限的，但却不会存在任何的边界或者边缘。这有点儿像一只蚂蚁在一个球面上爬行，虽然球的面积是有限的，但蚂蚁却永远找不到球面的边界或边缘。同理，在欧几里得时空中，我们也同样找不到时空的边界。

并不确切的理论

时间和空间有限而无界的想法还只是一个未经证实的想法而已，无法从目前发现的理论推演出来，真正能够检验这一理论是否正确的标准在于是否与观测相符。遗憾的是，在量子引力的理论中，这种验证难以实现。首先来说，目前并没有一种恰当的理论能同时将这两种最重要的理论完美地结合在一起。此外，任何一种对于宇宙的详细描述都会牵扯出非常复杂的数学运算。我们难以做出准确的预测，因此必须取大量的近似值。即使如此，预测宇宙依然没有想象中那么简单。

更多维的世界：十维、十一维的时空

三维世界我们可以直观地认识，四维时空我们也能想象得出来。但是，更多维的时空是个什么样子呢?

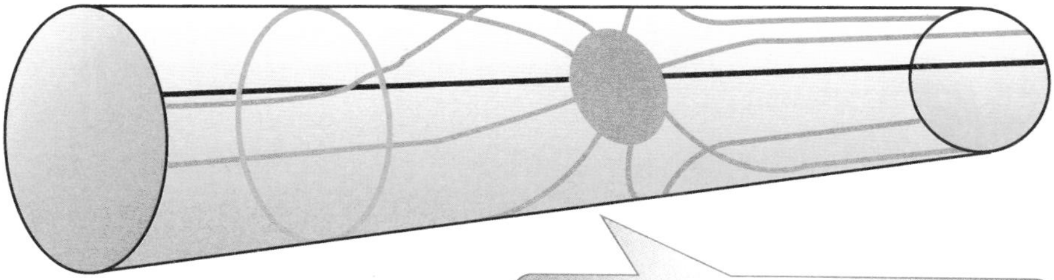

我们用这样一个圆柱体来表示多维的世界，那么，我们生存的三维空间在其中不过是一条线而已。

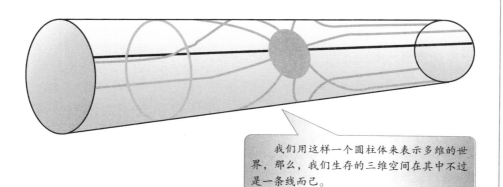

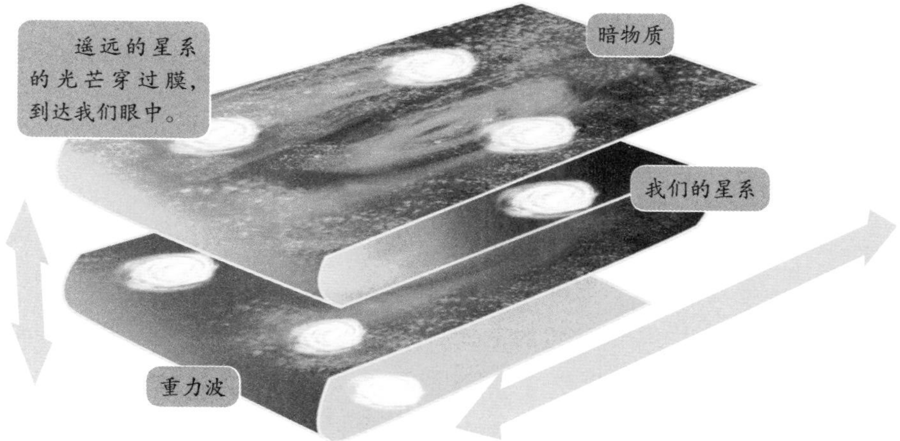
遥远的星系的光芒穿过膜，到达我们眼中。
暗物质
我们的星系
重力波

超弦理论把宇宙描绘成十维时空或十一维时空，但是我们为什么看不到其他那些维数呢？也许这是因为我们生活在一张膜之上，它就像是一个肥皂泡，飘浮在五维、六维甚至更多维的世界之中。

18

宇宙的开放与闭合

宇宙的未来

如果宇宙始于最初的大爆炸，那它未来又会变成什么样子呢？是会永远膨胀下去，还是在什么时候停止膨胀转而收缩呢？

开放宇宙和闭合宇宙

按照大爆炸模型，宇宙在诞生后不断膨胀，与此同时，物质间的万有引力对膨胀过程进行牵制。如果宇宙的总质量大于某一特定数值，那么总有一天宇宙将在自身引力的作用下收缩，造成与大爆炸相反的“大坍塌”，这样的宇宙是闭合的。如果宇宙总质量小于这一数值，则引力不足以阻止膨胀，宇宙就将永远膨胀下去，即为开放宇宙。

这个道理就好像我们在地球上向上抛球，将球向正上方抛起，一会儿就落到地上。球向上的速度因地球引力而渐渐变慢，最后落下。抛出的速度越大，球由上升转为下落的时间就越长，上升的位置也越高。

但无论宇宙是开放的还是闭合的，要下个确切的结论是难以实现的。这是因为要给宇宙称重，无论从实际观测或理论推导都很困难。

临界质量

有趣的是，无论宇宙是开放或闭合的，它的质量都必须非常接近临界质量。这是因为，如果宇宙的质量太大，造成引力太大，宇宙便会在膨胀后不久就开始收缩，那样的话，宇宙的寿命就不会太长。恒星和星系还来不及形成，宇宙就死了。地球上的人类就更不可能出现了。如果宇宙质量太小，宇宙就会膨胀得太快，物质很快就变得非常稀薄，不足以聚集成恒星、星系。同样，生命也不会在这样的环境中产生。

也就是说，无论宇宙的质量太大或太小，都是不合理的，都不会形成星系，人类也不会产生。宇宙的质量与临界质量不能相差太大。

宇宙的开放与闭合

闭合宇宙

向上抛出一颗球	球因重力，速度变慢，在临界点处速度为 0	球开始下落
宇宙开始膨胀	宇宙因自身引力，膨胀变慢，最终停止膨胀	宇宙开始收缩

开放宇宙

向上抛出一颗球	球继续上升	球克服地球引力的束缚，飞向宇宙
宇宙开始膨胀	宇宙继续膨胀	宇宙无限膨胀，直至死亡

19

热寂还是大坍塌

宇宙的终结

我们可以预言宇宙的两种极端的命运：继续膨胀直到热寂，或者是大坍塌。大坍塌之时，无处不在的引力最终使膨胀停止，并且使所有的物质不可抗拒地回聚到一起，从而形成一个最终的奇点。

热寂

19世纪时，克劳修斯提出了热力学第二定律和熵的概念，并于1867年提出了热寂说。他认为，将热力学第二定律推广到宇宙之中，便得出宇宙熵趋于极大值的结论。熵的总值永远只能增加而不能减少，宇宙的熵达到极限状态，宇宙就会停止变化，成为一个死寂的永恒状态。

同样，按照开放的宇宙理论，宇宙物质的万有引力不足以使膨胀停止，却消耗着宇宙的能量，使宇宙缓慢地走向衰亡。在很多很多年之后，所有的恒星都已燃烧完毕，所有的宇宙物质衰变、消亡了，宇宙最终变得寒冷、黑暗、荒凉而空虚。

大坍塌

牵制宇宙膨胀的万有引力的大小，取决于宇宙物质的质量。当其数值大于临界质量之时，万有引力就会使宇宙膨胀的速度变慢，最后变成0。在从膨胀到收缩的转折点过后，宇宙的体积开始缩小，收缩的过程起初很慢，随后越来越快。在最后的时刻里，引力成为占绝对优势的作用力，它毫不留情地把物质和空间碾得粉碎。在这场“大坍塌”中，所有的物质都不复存在，一切“存在”的东西，包括时间和空间本身，都被消灭，最后只剩下一个时空奇点。

于是，我们可以这样描绘宇宙的历史，宇宙由大爆炸开始，至大坍塌终结。在这个过程中，由于引力的作用，出现了物质，出现了生命，并进化出了人类。但是，这不过是宇宙运动极其短暂的一瞬。大爆炸中诞生于无的宇宙，最终又归于无。

两种终结宇宙的猜想

热寂说

1867 年，德国物理学家克劳修斯把热力学第二定律推广到整个宇宙，得出了宇宙“热寂说”。

宇宙的基本原理

宇宙的能量是常数，宇宙的熵趋于一个极大值。

宇宙越接近于其熵为一最大值的极限状态，它继续发生变化的机率也越小，如果最后完全到达了这个状态，也就不会再出现进一步的变化，宇宙将处于永远死寂的状态。

大坍塌

宇宙膨胀模型有两种结果，一种是永远膨胀，一种就是引发终结宇宙的大坍塌。

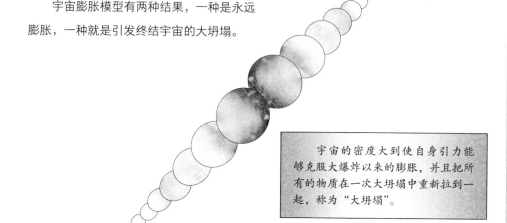

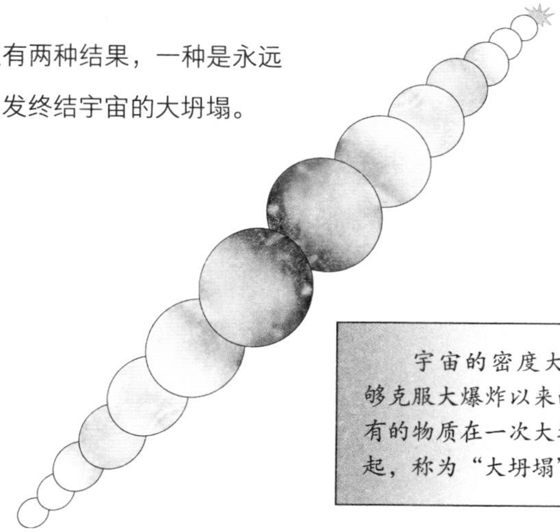

宇宙的密度大到使自身引力能够克服大爆炸以来的膨胀，并且把所有的物质在一次大坍塌中重新拉到一起，称为“大坍塌”。

20

未来宇宙全新图景

宇宙在加速膨胀

现在让我们再讨论一下宇宙的未来。和科学家们一样，我们试图搞清楚宇宙是会永远地持续膨胀下去，还是会在某个时候转为收缩。

超新星

超新星是巨大的恒星在生命最后时刻的大爆炸，形象地说，就是一颗大质量恒星的“暴死”。对于大质量的恒星，如质量相当于太阳质量的8—20倍的恒星，由于质量的巨大，在它们演化的后期，星核和星壳彻底分离的时候，往往会伴随着超新星的爆发。

超新星爆发时的绝对光度超过太阳光度的100亿倍，超过新星爆发时光度的10万倍，中心温度可达100亿摄氏度。在银河系和许多河外星系中都已经观测到了超新星，总数达到数百颗。

Ia型的超新星

天文学家根据超新星爆发时的光变曲线形状，把它们分为两种类型。I型超新星的光变曲线峰值很“锐”，绝对峰值光度约为太阳光度的100亿倍，爆发后变暗时速度缓慢。而Ⅱ型的光变曲线峰值稍“钝”一些，绝对峰值光度约为太阳光度的10亿倍，爆发后很快变暗。

I型超新星中又有一种Ia型的超新星，经过研究已经清楚地了解了它的特点，可以正确地推算出它的绝对亮度。绝对亮度相同，距离越远看起来越暗。根据看起来的亮度能推算出到超新星的距离。

超新星变暗的程度，随宇宙膨胀等条件的变化而变化。用哈勃望远镜和昴星团望远镜等观测Ia星，测量它们看起来的亮度。结果发现，超新星的亮度比按一定膨胀速度推算出的亮度要暗，距离比预想的更远。就是说现在宇宙的膨胀速度渐渐增大，宇宙在加速膨胀。

超新星

超新星的光芒足以让数十亿颗普通恒星黯然失色，它们为宇宙空间提供重元素。其爆发都是在恒星的核突然坍缩、直到变成中子星或黑洞的过程中产生的。

超新星

Ⅰ型

光谱中不含氢元素谱线的超新星被归为Ⅰ型。Ⅰ型超新星可出现在椭圆星系和盘状星系中。

Ⅱ型

Ⅱ型超新星只见于Sb和Sc型旋涡星系，是年轻的星族Ⅰ的恒星。它们的光谱也具有热超巨星快速膨胀光球的特征，并且和普通新星很类似，只是膨胀速度要快得多。

Ia型

Ia型超新星光谱中有硅的强谱线，释放的能量被认为能将坍缩白矮星炸散。Ia型超新星看来具有相当一致的光度，这使它们成为可用于估计近邻星系距离的很有效的“标准烛光”。

Ib和Ic型

Ib和Ic型超新星的触发方式被认为基本相同，但出场的白矮星是由较大质量恒星因强烈恒星风而失去外层后遗留下来的。

Ia型超新星看来具有相当一致的光度。

通过对Ia型超新星的观测发现，它们的亮度比预期的要暗。

Ia型超新星的亮度和它的距离呈线性关系。

距离越远，它们的亮度与预期相差越大，变暗的速率越大。

Ia型超新星比预想的位置更远。

宇宙在加速膨胀。

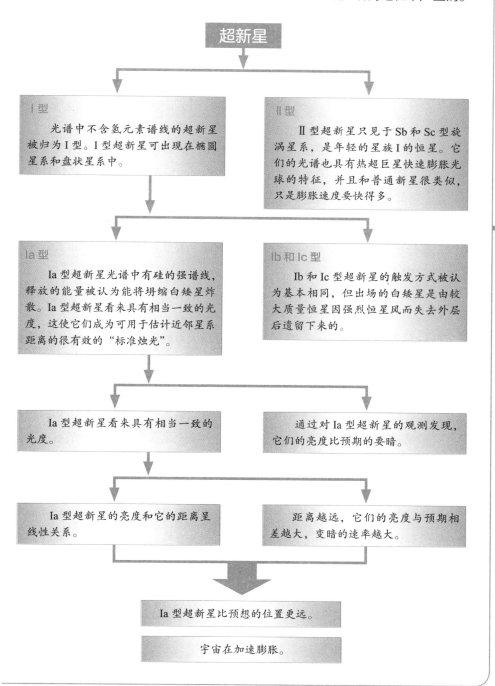

21

地球的未来
彗星向地球步步逼近

古生物学者在解释恐龙灭绝的时候，有人认为古生物的绝种是每2600万年发生一次，从而导出了一个彗星周期性撞向地球的假说。这个假说有可能成为现实吗？

恒星的位置发生变化

星系中的恒星除了围绕星系中心做井然有序的运动外，也会受附近恒星的引力的影响。也就是说，现在我们看到的夜空中的恒星的位置，在经过很长的时间后，可能会发生改变。北斗七星的形状，在几万年后将和现在完全不同。

现在距离太阳最近的恒星是半人马座的 α 星，距太阳4.22光年。它与太阳的距离也会随着时间而改变，变得越来越短。在2.8万年后，它和太阳的距离将变成3.1光年。

彗星撞地球

有的天文学家曾提出一种新的理论，他们认为地球也许每隔一段时间就会与宇宙空间的尘埃和流星雨相遇一次，从而引起巨大规模的严重灾变事件，对地球的发展史产生深远的影响。

之前我们说过，在太阳系周围有柯伊伯带、奥尔特云等彗星带，它们将太阳系围在很大的范围里。我们能看到的彗星，原先是在其中围绕太阳系边界运行的彗星，后来因为某些原因轨道改变而飞向太阳。

半人马座的 α 星是与太阳非常相似的恒星，所以我们可以假设在它周围也有同样的彗星带大范围地将该星圈起。当两颗恒星相靠近，距离近到3光年左右的时候，它们的彗星带就会相互重叠。受此影响，将会有几万、几十万颗彗星改变轨道飞向太阳，那么落在地球上的彗星应该不在少数，彗星撞地球的图景可能在现实之中上演。

恒星的变迁与地球

北斗七星的移动

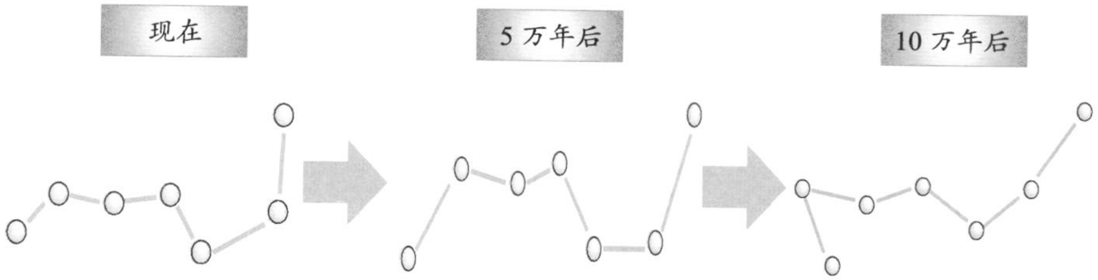

2.8 万年后的太阳系

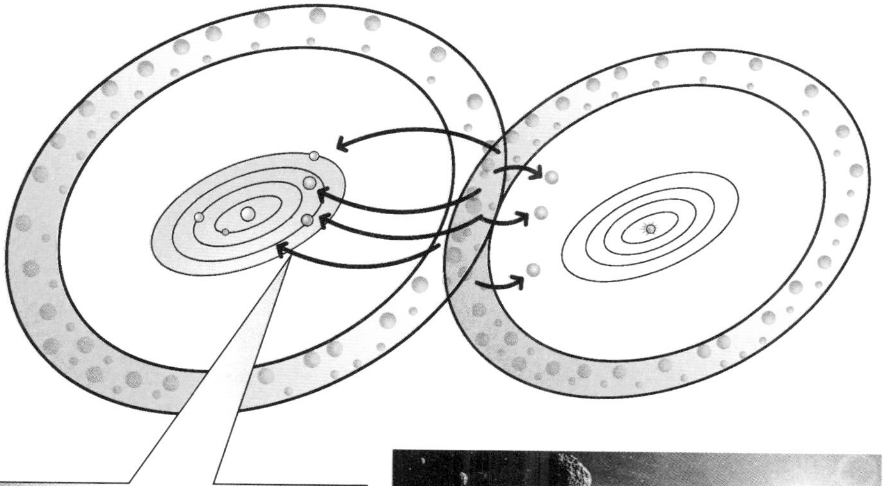

太阳系与半人马座的 α 星外层的彗星带重叠，导致彗星改变运行轨道。

大量的彗星飞向太阳，彗星撞地球的图景成为现实。

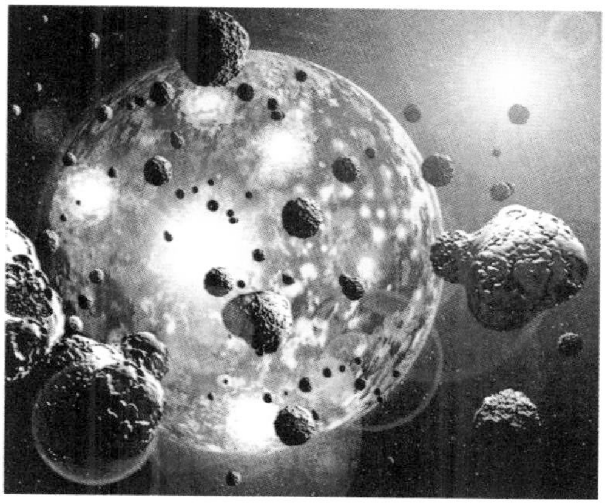

22

太阳的归宿

从红巨星到白矮星

我们在介绍黑洞的时候提到过一颗恒星死亡之时的几种可能，或者产生超新星，或者变成白矮星、中子星，或者形成黑洞，那么太阳的命运是什么呢？

太阳的燃烧

太阳已经持续燃烧了46亿年左右。现在的太阳上，绝大多数的氢正逐渐燃烧转变为氦，可以说太阳正处于最稳定的阶段。

对太阳这样质量的恒星而言，它的稳定阶段约可持续110亿年。恒星由于放出光而慢慢地在收缩，在收缩过程中，中心部分的密度会增加，压力也会升高，使得氢会燃烧得更厉害，这样一来温度就会升高，太阳的亮度也会逐渐增强。太阳自从46亿年前进入稳定阶段到现在，太阳光的亮度增强了30%，预计今后还会继续增强，使地球温度不断升高。

太阳的死亡

50亿年后，当太阳的稳定阶段结束时，太阳光的亮度将是现在的2.2倍，而地球的平均温度要比现在高60℃左右。届时就算地球上仍有海水，恐怕也快被蒸发光了。若仅从平均温度来看，火星反而会是最适宜人类居住的星球。

太阳中心部分的氢会燃尽，最后只剩下其周围的球壳状部分有氢燃烧。太阳开始急速收缩，变得越来越亮，球壳外侧部分因受到影响而导致温度升高并开始膨胀，进入红巨星阶段。

太阳的质量会减至现在的60%，行星开始远离太阳。地球及其他外层行星在太阳外层部分到达之前应该会拉大距离而存活下来。太阳收缩到一定程度，将不再燃烧，逐渐失去光芒，外层开始收缩，最后冷却成白矮星。太阳系存留下来的行星则继续围绕太阳运行。

未来的太阳系

现在的宇宙

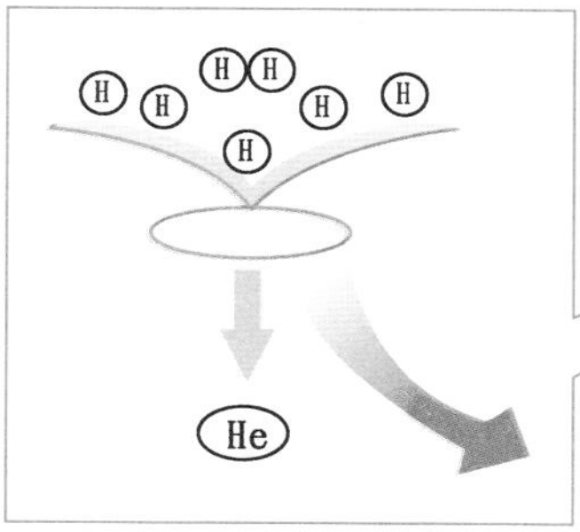

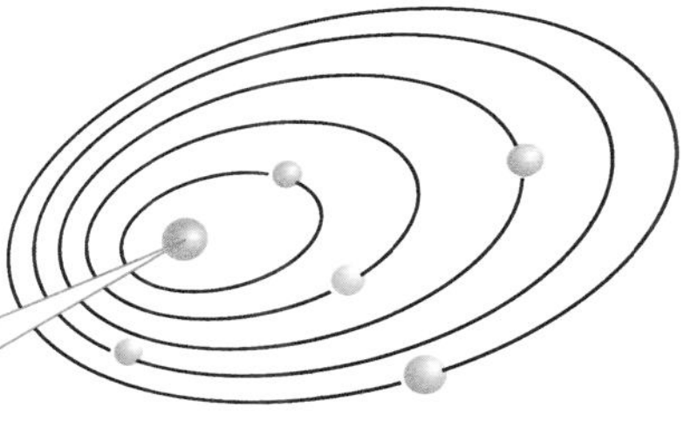

太阳因内部的核聚变反应，释放出巨大的能量。

50亿年后

作为燃料的氢元素消失，氦元素聚合，变成碳元素、氧元素而释放出能量。

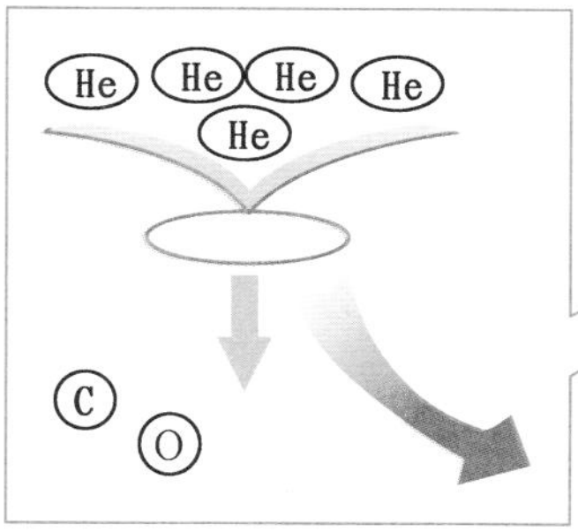

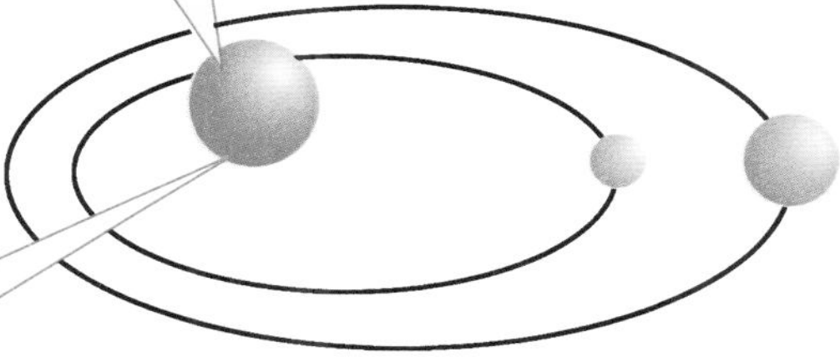

这时太阳外侧会膨胀，并可能将水星、金星吞并。太阳表面温度下降变成红色，称这个阶段为红巨星。

80亿年后

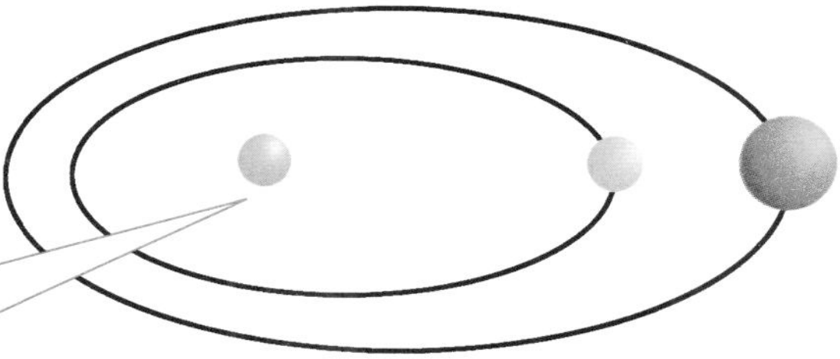

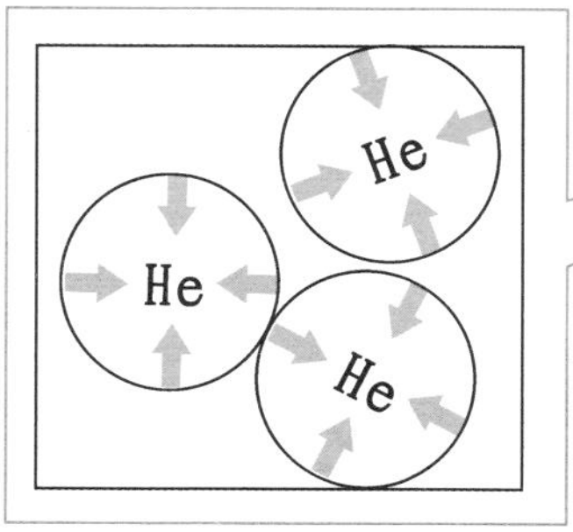

太阳外侧的部分逃离，太阳质量减少。太阳中心部分的温度不升高，不能释放出能量，太阳渐渐冷却下来。最终太阳不能承受自身的重量而被破坏，变成小的冷却的白矮星，周围环绕着火星、地球等行星。

23

星系的发展

恒星从星系中消逝

星系由无数颗恒星组成。我们知道，像太阳一样的恒星最终会成为白矮星，而质量更大的恒星则会成为中子星和黑洞。那么由恒星组成的星系未来会是一个什么样子呢?

恒星都死亡之后

100兆年后的未来，星系中所有的恒星都失去了耀眼的光芒。与太阳重量相近的恒星，核聚变反应已经停止，变成了低光度、高密度、高温度的白矮星。比太阳更重的恒星，最后以大爆炸终结变成超新星，而大爆炸后的残留形成了由中子构成的中子星和神秘黑洞。

不同于今天我们看到的美丽星空，未来的星系充满了白矮星、中子星和黑洞，它们代替现在的恒星构成星系。

银河系的未来

美国《科学》和英国《自然》杂志均刊文指出，天文学家通过电脑模拟出了20亿年后银河系和仙女座星系相撞的情景，两大星系极可能合二为一。

研究发现，银河系和仙女座星系正以每秒120千米的速度相互靠近。天文学家们在使用计算机模型进行推算后确定，银河系和仙女座星系的碰撞将会分两个阶段进行。

第一阶段，也就是20亿年后，太阳将会发生剧烈变化，届时，引力的强大作用也会改变两个星系的形状——在它们的身后将会形成一条由尘埃、气体、恒星和行星组成的“尾巴”。

而在第二阶段，也就是再过40亿年，两个星系将会发生直接联系并最终形成一个椭圆形星系“Milkomeda”（需要提醒的是，目前两个星系均为螺旋形星系）。

到那个时候，太阳也将会耗尽所有的能量并开始膨胀，人类可能早已被毁灭过数次。而地球最终将是一个荒无人烟的冰冷世界。

星系的一生

在宇宙大尺度的结构中，人类微不足道，连星系也成了一个小小的点。星系和人类一样，同样也有自己的诞生、生长、死亡的演化史。

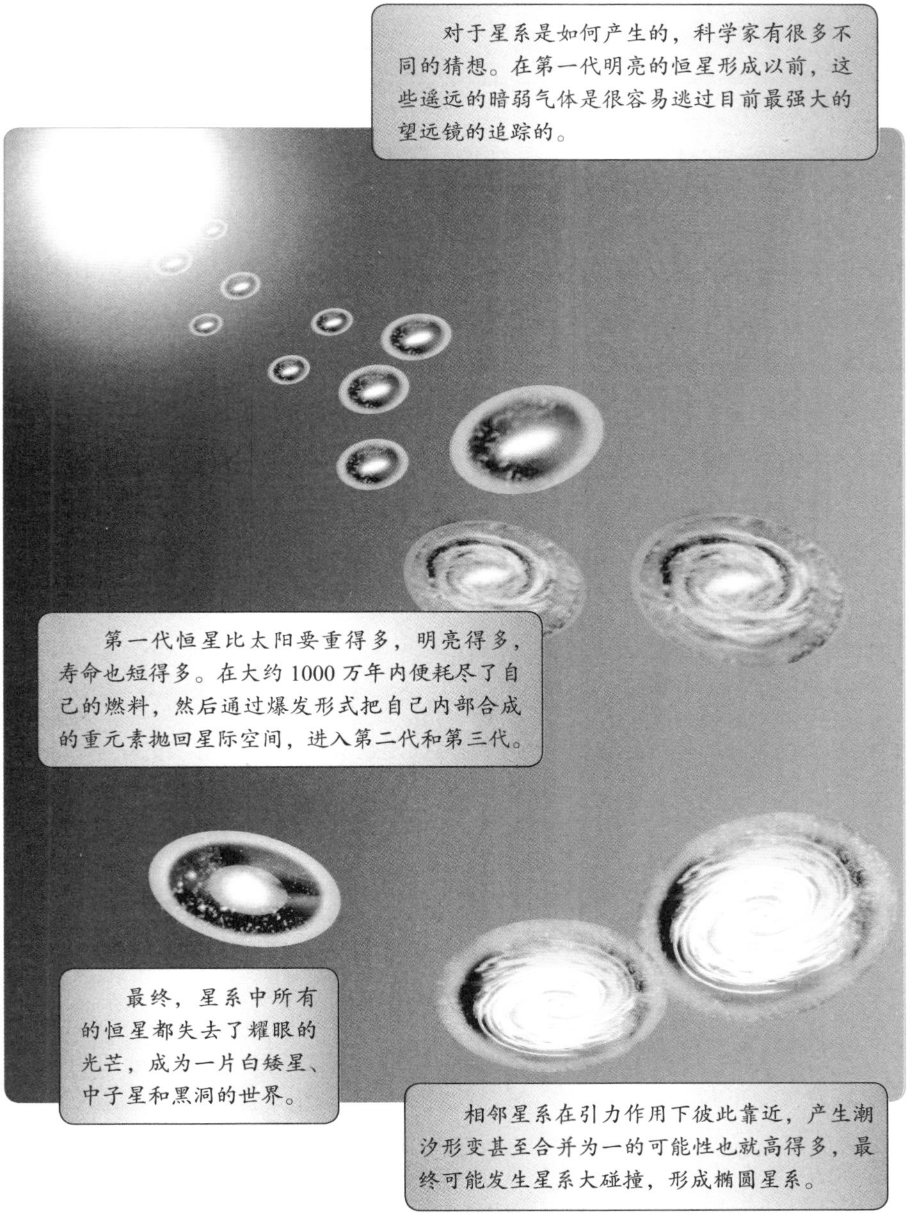
对于星系是如何产生的，科学家有很多不同的猜想。在第一代明亮的恒星形成以前，这些遥远的暗弱气体是很容易逃过目前最强大的望远镜的追踪的。
第一代恒星比太阳要重得多，明亮得多，寿命也短得多。在大约1000万年内便耗尽了自己的燃料，然后通过爆发形式把自己内部合成的重元素抛回星际空间，进入第二代和第三代。
最终，星系中所有的恒星都失去了耀眼的光芒，成为一片白矮星、中子星和黑洞的世界。
相邻星系在引力作用下彼此靠近，产生潮汐形变甚至合并为一的可能性也就高得多，最终可能发生星系大碰撞，形成椭圆星系。

24

星系的继续演变

巨大的黑洞

多少年后，星系已不再是我们现在的满天繁星，为数众多的黑洞逐渐将星系中其他的天体吞没。星系最终成为一个巨大的等同于星系的黑洞。

大黑洞的形成

1000兆年间，星系运动造成星系之间的碰撞，恒星交错而过。我们知道，两个物体越接近，相互间的引力作用越强，所以把同等重量的物体集中在越小的领域中其引力作用就越强。当星系交错碰撞发生的时候，其中的物质就可能因为引力而聚集，物质被破坏，小的黑洞变成大的黑洞。

星系中的黑洞的质量越来越大，不断地把靠近的天体吸入其中。而随着它吸入的天体的增多，它的质量的增大，它所能够“吸食”的范围也不断增大。最终，在10的不知多少次方年之后，星系演变成一个巨大的黑洞。

而在那个时候，宇宙的任何地方都没有了星系的存在，到处都是巨大的黑洞。

中黑洞

星系最终以黑洞的形式存在，此时的黑洞称为中黑洞。由于它的质量与星系同级，所以它具有超强的吸引力。中黑洞不断吸收从太空射来的粒子、陨石、天体，使它们的物质和能量转化为中黑洞的物质和能量，中黑洞的质量和能量不断变大。

中黑洞的外部温度极低，所以吸收来的能量慢慢传入黑洞的内部，在中心区域积累起来，使其内部的温度可以达到超高值10^{32}度，甚至更高。这样就形成了外部和内部两个区域。内部是超高温的具有爆炸能力的“超能物质”，外部是低温的具有抗暴能力的外壳。

随着黑洞不断吸收能量，黑洞内部发生裂变，外壳会不断地变薄，最终可能导致黑洞的爆炸。

黑洞海

我们可以想象，在漫长的岁月之后，宇宙中的一切都似乎暗寂下来，一个个超级黑洞统治着宇宙的时候，没有什么东西能从它们的吸附中逃离。

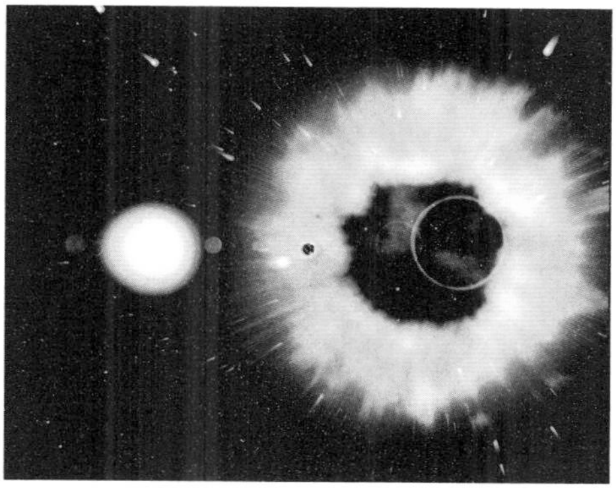

银河系中的恒星逐渐老化，演化成各种白矮星、中子星和黑洞。

黑洞将周围的物质吸入，它的质量越来越大。

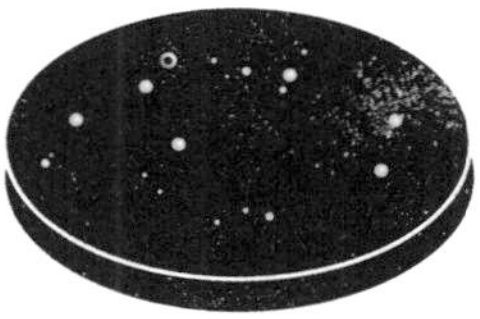

随着质量的增大，黑洞的引力也在加强，天体被不断吸入其中。

最终，宇宙中只剩下一个个大黑洞，形成一片黑洞海。

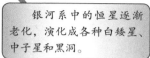

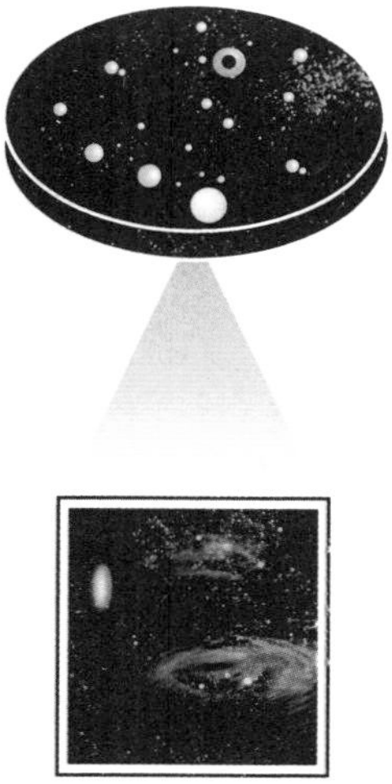

量子波动导致黑洞出现裂变，黑洞运动缓慢下来。

然后黑洞是否会爆炸，宇宙是否会重新出现？

第五章

认识我们的星系

小时候每当我们仰望浩瀚的星空，我们会有一系列疑问：这些星星为什么在不停地闪烁？它们离我们有多远呢？它们是怎样形成的？宇宙是怎样运行的？作为宇宙的一分子，我们不仅要了解地球，也要对我们迷人的天体大家庭：木星、土星、海王星、天王星、地球、金星、火星、水星等有更深入的认识。

本章关键词

星系　太阳系　行星

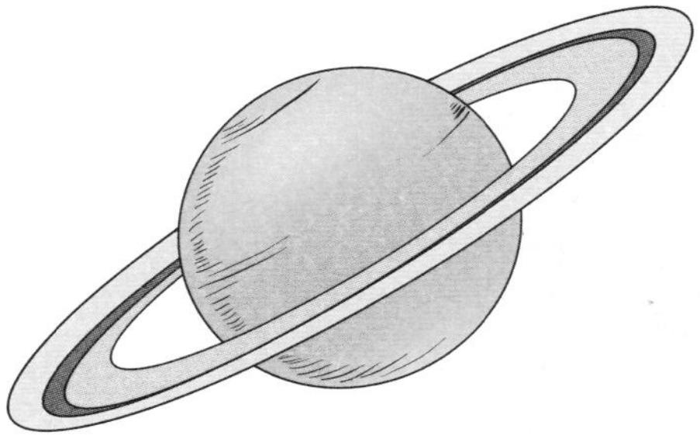

世界上有两件东西能震撼人们的心灵：一件是我们心中崇高的道德标准；另一件是我们头顶上灿烂的星空。

——康德

◇ 图版目录 ◇

千姿百态的“岛屿”

带你识别星系

星系是宇宙海洋中千姿百态的“岛屿”，在可观测的宇宙内有多达上千亿个河外星系。这些星系有着各种各样的形态，如何将它们进行分类，就成为了天文学家的一个重要课题。

星系是什么

一般来说，宇宙之中由两颗或者两颗以上星球所形成的绕转运动组合体就可以叫做星系。不过我们通常运用的都是广义上的星系，即有着几亿到上万亿颗恒星以及星际物质，空间尺度在几千至几十万光年的天体系统。关于星系的分类，目前最常用的是天文学家爱德温·哈勃在 1926 年提出的哈勃分类法，将星系主要分为三类：椭圆星系、螺旋星系和不规则星系。后来又在椭圆星系和涡旋星系之间加入了透镜状星系。

椭圆星系

椭圆星系是外形呈正圆形或椭圆形，中心亮，边缘渐暗，有恒星密集的核心，外围有许多球状星团。以 E 来表示。按照椭圆的扁率从小到大分别用 E0—E7 来表示。E0 表示外观几乎是圆的，而 E7 表示非常的扁平。

螺旋星系

螺旋星系大约占到星系总数的 30%，它是从核心处延伸出两条或多条旋臂。根据星系的核心究竟是球状还是棒状又分为螺旋星系和棒旋星系。普通涡旋星系用 S 表示，棒旋星系用 SB 来表示。

不规则星系

没有盘状对称结构或者看不出有旋转对称性的星系。在全天最亮星系中，不规则星系只占 5%。如银河系的卫星系“大麦哲伦星云”就是不规则星系。此外，介于椭圆星系和涡旋星系之间的就是透镜状星系。

教你怎么分辨星系

为了便于研究星系的物理特征和演化规律，天文学家们把大量的河外星系按照一定特征划分为若干类别，以此表示不同星系之间的内在联系。

哈勃分类法

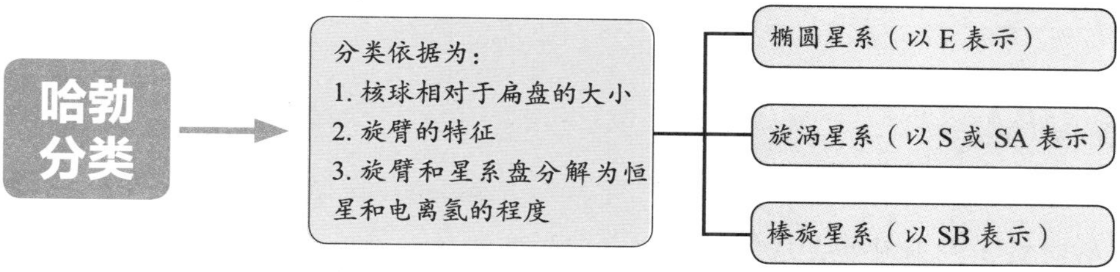

哈勃音叉图

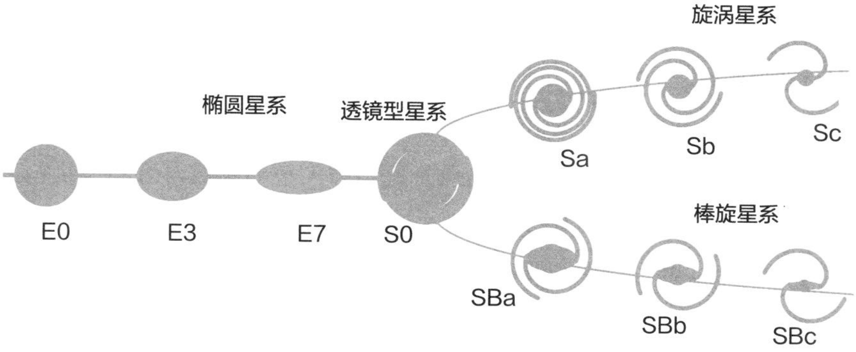

“E”代表椭圆星系，数字是椭圆的程度。S 代表螺旋星系，S0 也称透镜星系，“S”的意思是旋涡，“0”则表示没有旋臂。SBa 到 SBc 代表有中央棒状结构的涡旋星系。Sa 到 Sc 是中央没有棒状结构的涡旋星系。

特殊星系

形态和结构不同于哈勃分类中正常星系的河外星系。它包括类星体、塞佛特星系、N 型星系、射电星系、马长良星系、致密星系、蝎虎座 BL 型天体、有多重核的星系和有环的星系等。

密度波动

星系形成的“种子”

对于现在宇宙中数以亿计的恒星和星系的形成过程，存在着许多猜测和理论。虽然这些猜测和理论千差万别，但都需要从宇宙的“婴儿时代”开始讲起。

WMAP

2001 年 6 月 30 日，NASA 的人造卫星威尔金森微波各向异性探测器（WMAP）发射升空，目的是找出宇宙微波背景辐射的温度之间的微小差异。可以说它是 COBE 的继承者。

2003 年，WMAP 对宇宙微波背景的温度波动进行了成像。该温度波动图同时描绘出初生宇宙微弱的密度变化，这最终成为星系形成的“种子”。

密度波动

根据万有引力定律，如果某个领域的物质密度高而其他领域物质密度低，就会产生密度波动。密度高的领域的质量比同样大小的领域含有的质量稍大。质量越大，重力越大，对周围的重力影响越大——周围的物体会被吸引到高密度的领域。这样一来，高密度领域的质量会迅速增大，最终形成天体。星系就是这样形成的。

宇宙温度降到 3000K 之前，质子、电子和光频繁地发生碰撞，光和物质成为一体，以相同的速度运动。这时，即使高密度处要吸引周围的物质而使密度变得更高，也会因为快速的光的破坏而使物质逃离该领域。到宇宙放晴后，密度的波动终于可以成长起来生成天体。

但是，这种引力作用下的物质聚合，会受宇宙膨胀的影响，它的成长速度就会变慢。星系如果是在宇宙放晴后由密度波动成长生成的话，也可能因成长时间不足，而无法形成现在我们观测到的宇宙。

威尔金森微波各向异性探测器

2001 年，威尔金森微波各向异性探测器搭载德尔塔 II 型火箭在佛罗里达州卡纳维拉尔角的肯尼迪航天中心发射升空，目的是找出宇宙微波背景辐射的微小差异。可以说它是 COBE 的继承者。

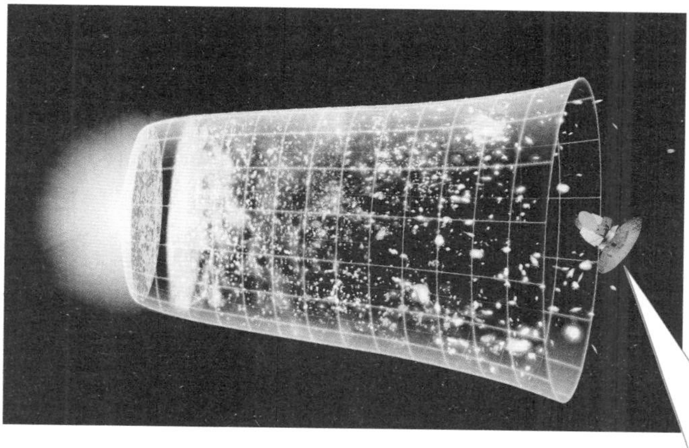

威尔金森微波各向异性探测器在宇宙学参量的测量上提供许多比早先的仪器更高准确性的值。

WMAP 的发现

宇宙的年龄是 137 亿 ± 2 亿岁。

宇宙的组成为：5% 一般的重子物质；25% 为种类未知的暗物质——不辐射也不吸收光线；70% 为神秘的暗能量——造成宇宙膨胀的加速。

虽然在大角度的测量上仍然有无法解释的四极矩异常现象，但是对宇宙膨胀的说明已经有更好的改进。

哈勃常数为 70（千米 / 秒）/ 百万秒差距 +2.4/-3.2。

数据显示宇宙是平坦的。

宇宙微波背景辐射偏极化的结果，提供宇宙膨胀在理论上倾向简单化的实验论证。

暗物质的猜想

星系的形成和演化

宇宙放晴前，带电荷的粒子和光频繁地碰撞，因此不能生成中性的原子。所以我们猜测，星系的形成是在宇宙放晴之后。但是，这样的猜测是否是正确的呢？

宇宙早期的暗物质

前面我们已经介绍了看不见的暗物质，它的质量是宇宙中看得见的物质质量的6倍，但时至今日科学家们仍然没能完全揭开它的神秘面纱。我们之所以称它为暗物质，是因为它既不放射也不吸收光线。换句话说，暗物质的运动和光没有关系。这样一来，暗物质可能在宇宙放晴之前就已经开始形成。

有最新的研究成果指出，在宇宙早期，暗物质占据了宇宙的大部分质量，而早期星系形成的关键正是依赖于暗物质的特性。正是包括许多难以捕捉的暗物质粒子之间的相互作用，才导致宇宙早期结构的形成。这为研究宇宙早期星系的形成提供了新的思路。

暗物质主导宇宙早期结构

我们可以这样假设，在宇宙放晴以前，暗物质因密度波动而形成；在宇宙放晴之时，暗物质以外的物质因高密度的暗物质的强大引力而逐渐形成了星体和星系。这样一来，星系的形成就不再受宇宙膨胀的影响。

宇宙学家把暗物质分为冷暗物质和热暗物质。他们利用计算机技术模拟了早期星系的形成过程。结果发现，由于冷暗物质粒子的缓慢移动，早期形成的恒星相互分离，形成单个的巨大恒星。而热暗物质的快速移动，不同大小、数量众多的星系伴随着恒星产生过程的大爆炸一同形成。

恒星愈大，生命就愈短，所以这些冷暗物质形成的大恒星不会存活到现在。而热暗物质形成的低质量恒星却可能活到现在。

暗物质的猜想

有科学家认为，看不见的暗物质对星系的形成和演化有重要影响。

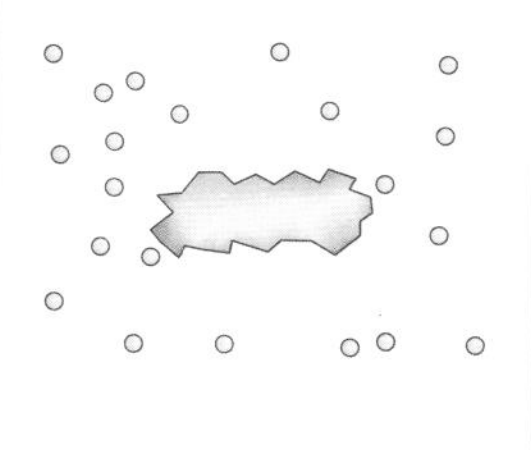

宇宙开始

只有不吸收和反射光的暗物质密度波动（暗物质的集合）成长。

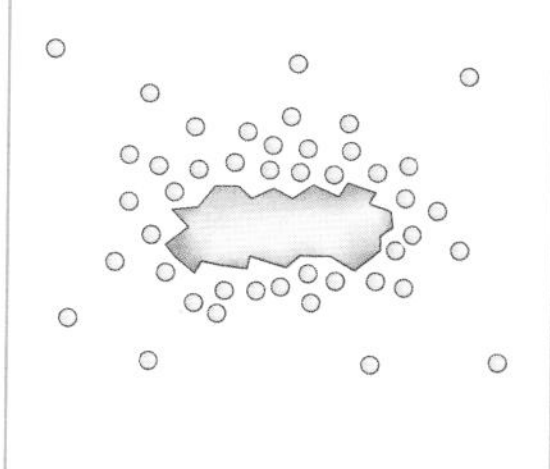

宇宙放晴后

不受光束缚的原子被暗物质吸引，逐渐形成了物质。

星系形成

早期宇宙中，明亮的活跃星系只有在暗物质周围才能形成。

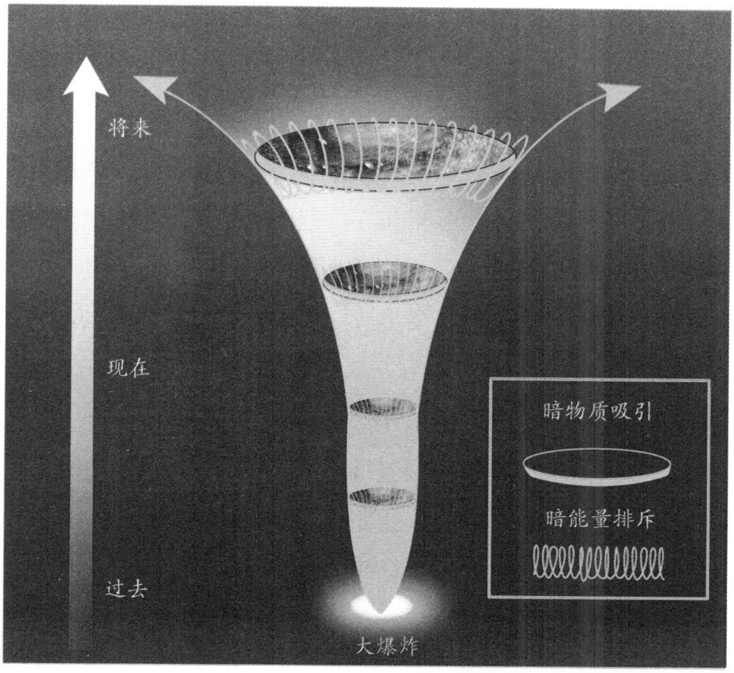

随着时间的推移，产生引力的暗物质与产生斥力的暗能量的“拉锯战”将主导宇宙的未来。

最初形成的天体有多大

最初天体的大小之争

我们已经了解了暗物质在天体的形成过程中的作用，可是又有疑惑随之而来，天体刚刚形成时，是一个什么样的状态呢？事实上，关于天体形成时的大小，还存在两种截然不同的说法。

最初形成的是大天体还是小天体

关于宇宙结构的形成，有两种不同的理论：一为“自下而上”（bottom-up），即先形成较小的不规则结构，再并合而成较大较规则的结构；另一种则为“自上而下”（top-down），过程与前者相反。

前一种说法可以这样理解，暗物质集中的区域较小，那么它的引力也较小，最初形成的天体的个头也就小一些，我们把它看作是星系大小。而后一种说法则可理解为，暗物质集中的区域较大，最初形成的天体也大一些，我们把它看作是超星系团这样大的气体状天体。

这样一来，与之对应的最初的宇宙构造就有了两个版本。

自下而上还是自上而下

我们接着往下推测，如果最初形成的天体是星系那样大小的话，他们又经历了漫长的时间，因为引力的作用，相互聚集在一起形成了星系团，然后星系团又慢慢聚集形成超星系团。这是自下而上、由小到大的版本。这样的形成过程存在一个问题，那就是按这样的方法，要形成一个直径数百万光年的超星系团，需要非常漫长的时间。

如果最初形成的天体是超星系团那样大小，又是什么情况呢？它会从内部发生分裂，形成星系团，星系团内部再发生分裂，形成星系。这是由上而下、由大到小的版本。同样，这个版本也存在一个问题，那就是在宇宙发展到后来，才会有星系形成，可是我们观测到的个别星系却很古老。

星系的两种生成方法

小天体说

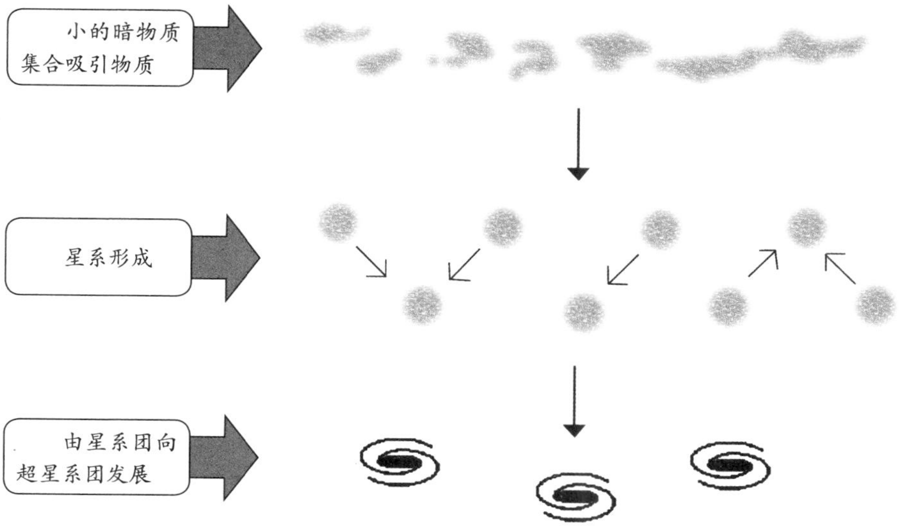

大天体说

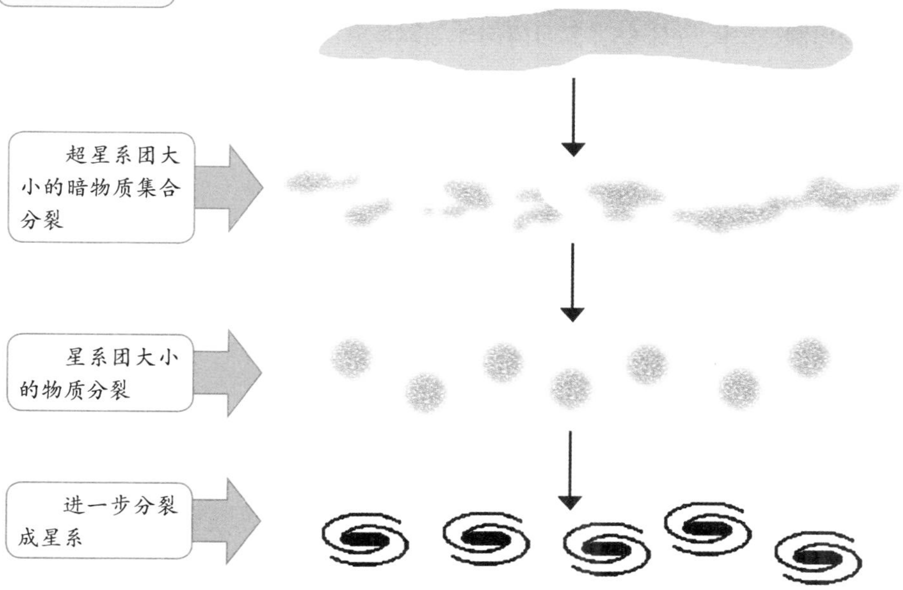

银河系

我们的家园

在目前可观测的宇宙中有多达2000亿个河外星系，虽然银河系只是其中很不起眼的一个，但如同地心说长期占据主流一样，甚至直到1920年以前，人类还认为银河系就代表着宇宙，包含着宇宙之中全部的恒星……

我们真正了解银河系刚刚100年

我们所在的恒星家园——银河系，是因为夜空中乳白色、带状的外观而得名。人类一直对其不甚了了。直到1610年，伽利略首先用望远镜发现银河是不计其数的一颗颗恒星聚集而成的。1785年，英国天文学家赫歇尔建立了第一个银河系模型，把太阳放在了银河系的中心。到1918年，美国天文学家沙普利确认，太阳系不在银河系的中心。

直观地认识银河系

银河系已经存在了120亿年或者更长的时间。银河系的中心是一个超级大质量的黑洞——人马座A*，其自内向外分别是由银心、银核、银盘、银晕和银冕组成。它的直径通常认为是10万光年到12万光年，但最新发现银河系直径可能达到15万光年至18万光年。目前，人们估算银河系的质量大约是太阳的2100亿倍。长期以来，人们认为银河系有四条旋臂，最新的研究表明银河系只有两条主要旋臂。银河系之所以能变成现在的尺度和形状，是靠着不断吞并其他星系才形成的。

我们在银河系的位置

太阳系位于一条叫做猎户臂的旋臂上，距离银河系中心约2.64万光年，逆时针旋转，绕银心旋转一周约需要2.5亿年。

目前，地球上的物体想要摆脱银河系引力的束缚，所需要的最小初始速度约为110—120千米/秒。目前，人类还没有能力达到这一速度。

银河系：无人知晓它真正的模样

尽管我们已经对银河系观测了无数次，但还无法逃逸出银河系，观察银河系的全貌，而目前所有的银河系全貌图都是科学家推测出来的。我们对银河系的了解还远远不足。

银河系的基本数据

总质量	4.1771×10^{41} 千克	银盘直径	约 13 万光年
总目视光度	约 150 亿太阳光度	银心位置	人马座
绝对目视星等	-20.6（太阳是 -26.7）	太阳银心距	2.7 万光年
中心厚度	1.2 万光年	太阳的轨道周期	2.3 亿年
恒星数量	1000—4000 亿颗	在太阳位置的自传速度	220 千米 / 秒

银河系的总体结构

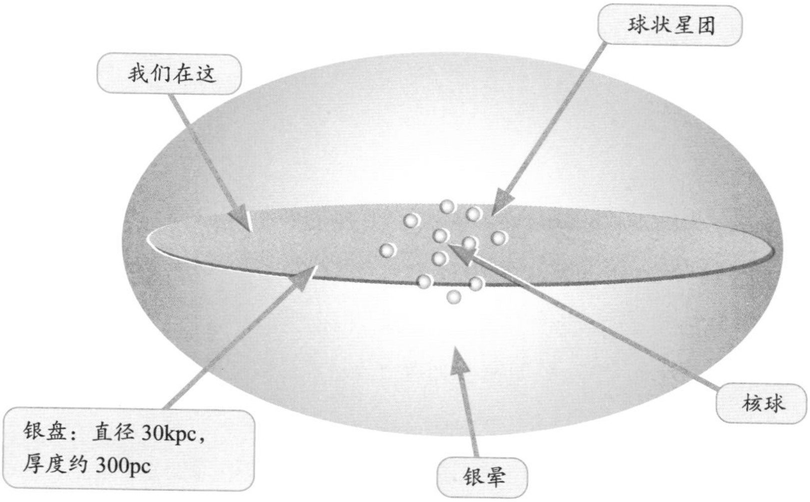

银河系物质的主要部分组成一个薄薄的圆盘，叫做银盘，银盘中心隆起的近似于球形的部分叫核球。银盘外面是一个范围更大、近于球状分布的系统，其中物质密度比银盘中低得多，叫作银晕。银晕外面还有银冕，它的物质分布大致也呈球形。

为数众多的旋涡星系

美丽的猎犬座 M51

很早以前，我们就知道仙女座有一片笼罩着淡淡光晕的云。在秋天的夜空，人们用肉眼就能模糊地看见一个旋涡。

梅西耶星表

1758 年，法国天文学爱好者梅西耶在巡天搜索彗星的观测中，突然发现一个在恒星间没有位置变化的云雾状斑块。梅西耶根据经验判断，这块斑形态类似彗星，但它在恒星之间没有位置变化，显然不是彗星。这是什么天体呢？在没有揭开答案之前，梅西耶将这类发现详细地记录下来。其中，他第一次发现的是金牛座中的云雾状斑块，被列为第一号，即 M1，“M”是梅西耶名字的缩写字母。截至 1784 年，这种记录达到了 103 个。

梅西耶的不明天体记录于 1781 年发表，称为梅西耶星表。他建立的星云天体序列，至今仍然在被使用。其中，M31 代表仙女座星云，M51 是猎犬座星云。后来威廉 · 赫歇尔将这些云雾状的天体命名为星云（后来发现有的星云是河外星系）。

旋涡星系

1773 年，梅西耶在观测一颗彗星时，发现了猎犬座 M51。后来，它的伴星系也被发现。因此在梅西耶星表中对 M51 有这样的描述：“这是个双星云，每部分都有个明亮核心，两者的‘大气’相互连接，其中一个比另一个更暗。”

1845 年春，爱尔兰天文学家罗斯爵士制作了口径为 184 厘米的巨大望远镜，观测了若干个星云。他第一个辨认出了那些云雾般的天体的旋涡状外形。他发现了 M51 的旋臂结构，还绘制了一幅非常仔细和精确的素描。因此，M51 有时也会被称为罗斯星云。对于天文爱好者来说，如果天空足够暗，M51 会是一个容易观测到的美丽目标。

旋涡星系的构造

旋涡星系

中心有球核的结构，被周围的星系盘环绕着。

星系盘是扁平的，聚集了数量众多的恒星，绕着球核旋转。

螺旋臂是由星系的核心延伸出来的，这些长且薄的区域类似旋涡。旋涡星系也因此得名。

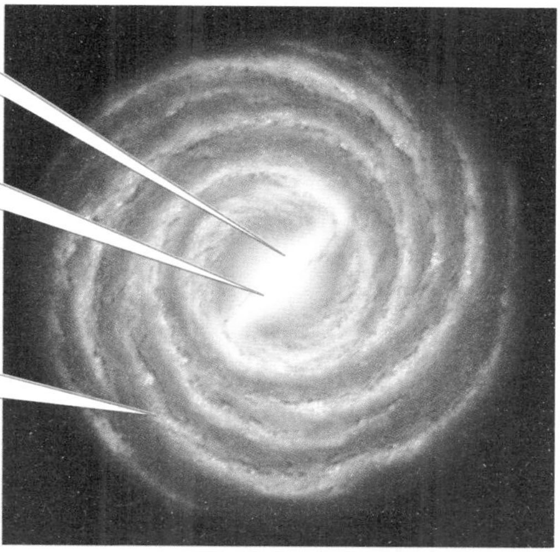

我们的银河系以及仙女座星系 M31 就是典型的旋涡星系。

棒旋星系

一个由恒星组成的棒状结构贯穿其核心部分。

臂旋从棒的两端延伸开去，在旋臂里有明亮的星云物质、疏散星团和暗物质。

棒体和核心部分似乎连成一体旋转，旋臂则好像是拖在棒和核的后面旋转。

距离我们最近的大麦哲伦星云、小麦哲伦星云都是棒旋星系。

错综复杂的星系世界

星系的大小和间距

河外星系处于我们所在的银河系之外，银河系本身的直径已达10万光年，河外星系又有多大？它们之间的距离有多远？这么遥远的距离又是怎样测定的呢？

星系的大小和质量

假若知道星系的距离，并通过观测得出河外星系的角半径，就可计算出星系的半径。但是由于星系的亮度从中心向外逐渐减小，其边缘很难和星空背景分开，要确定星系的边界并不那么容易。

各星系的大小相差悬殊，最大的椭圆星系的直径超过30万光年，最小星系的直径则只有300—3000光年。星系的大小相差很大，星系的质量也各有千秋。旋涡星系的质量一般为太阳质量的10亿—1000亿倍。不规则星系的质量比旋涡星系的质量普遍要小一些。而有的椭圆星系比旋涡星系的质量还要大100—10000倍，有的则质量较小，只有太阳质量的百万倍，称为矮星系。

另外，不同类型的星系，光度的差别也非常大。

怎样测定星系距离

天文学家想出了许多方法来测定星系的距离。前面已经提到，利用造父变星的光度和周期关系可以测定出造父变星的距离，从而求出它所在的河外星系的距离。但是造父变星太黯淡了，星系再远些，这种方法就不能用了。

在有些星系中可以观测到如超新星等一些光度很大的恒星，假定星系中的这些星的光度和银河系中的同类恒星的光度是相同的，那么根据它们的光度和视亮度，也能求出它们的距离。用这种方法测量的星系距离可达820万光年。

银河系和仙女座星系的间隔是230万光年。星系与星系的平均间隔是200万—300万光年。

天体的距离测法

利用谱线红移

只要测量出星系的谱线红移量，便可通过哈勃定律，推算出星系的距离。

利用新星和超新星

新星和超新星的光度都能在不长的时间达到极大值，而且所有新星或属同一类型的超新星的最大绝对星等变化范围不大。因此，可先取它们的平均值作为一切新星或属同一类型的超新星的最大绝对星等，再把它同观测到的最大视星等相比较，便可定出该新星或超新星所在星系的距离。

利用造父变星

利用造父变星的周光关系，观测得到光变周期，计算它们的绝对星等，再将算出的绝对星等同视星等作比较，就可求得这类变星及其所在星团或较近的河外星系的距离。

三角视差法

天文学家用三角视差法测量离我们比较近的天体，被测的天体和地球公转轨道直径的两端构成一个特大的三角形，通过测量地球到那个天体的视角，便可由地球公转轨道的直径推算出天体的距离。

雷达、激光测距法

发射无线电脉冲或激光，然后接收从它们表面反射的回波，并将电波往返的时间精确地记录下来，便能推算出天体的距离。

地球

太阳系

我们的星际家园

这是人类诞生以来一直栖息的家园。虽然它在宇宙之中毫不起眼，但却是目前发现的唯一有生命的天体集合体。对于我们来说，它是自然法则所造就的伟大宇宙奇观。

什么是太阳系？

太阳系是以太阳为中心，囊括了所有受到太阳的重力约束的天体的集合体。它包括了 8 颗行星、至少 165 颗已知的卫星、5 颗已经辨认出来的矮行星和数以亿计的太阳系小天体。具体来说，它是以一颗黄矮星——太阳为核心，包括着 4 颗类地行星，有许多小岩石块组成的小行星带，4 颗充满气体的类木行星，充斥着冰冻的小岩块的柯伊伯带，还包括黄道离散盘面与太阳圈，最远的是依然处于假说阶段的奥尔特云。

直观了解太阳系

在太阳系之中，水星和金星属于内行星，它们要比地球更接近太阳。火星、木星、土星、天王星和海王星则在地球围绕太阳公转轨道之外。

为了能直观认识整个太阳系，我们可以将太阳与其他行星的大小、距离按照一定比例缩小。假设地球是个直径为 1 英寸（1 英寸 ≈ 2.54 厘米）的小球，那么太阳就是个直 9 英寸的大球，距离地球的距离约为 295 米，常人步行四五分钟的距离。在这个尺寸的宇宙中，月亮就只有豌豆大小，与地球的距离大概在 0.76 米左右。水星、金星处于地球和太阳之间，距离分别是 114 米和 228 米。

按照这个比例，木星距离地球大约有 1.6 千米，距离地球 3.2 千米的是土星，6.4 千米的是天王星，9.6 千米的是海王星。除此之外，则只有稀薄的气体和细微的尘埃。即便按照如此小的比例来计算，最近的恒星比邻星距离地球也在 64 万千米之外。

太阳系的结构

太阳系是由太阳以及在其引力作用下围绕它运转的天体构成的天体系统，由八大行星和两条小行星带，以及千亿颗彗星等组成。

离太阳较近的水星、金星、地球及火星称为类地行星，它们的体积和质量都较小，平均密度较大，表面温度较高，都是由岩石构成的。

八大行星的公转方向一致，从北极上看是逆时针方向。除金星和天王星外，它们的自转方向也是如此。

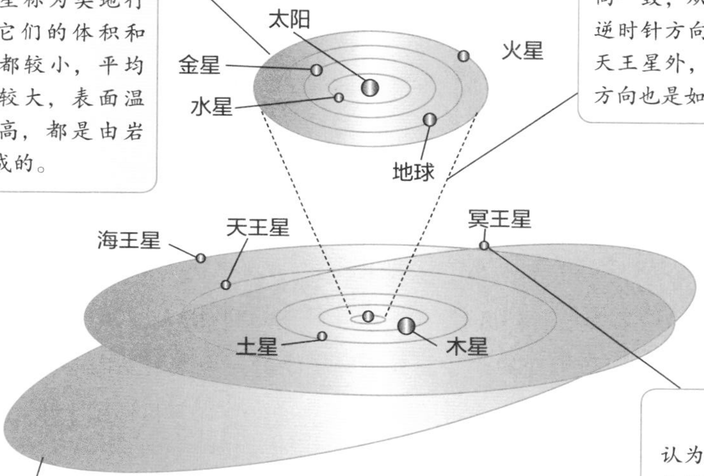

木星、土星、天王星和海王星称为类木行星，它们的质量和半径均远大于地球，但密度却较低。土星的密度甚至比水还要低。

冥王星曾被认为是太阳的大行星之一，它的轨道与黄道面成17度角。

在火星与木星之间有超过100万颗小行星。据推测，它们可能是由位置介于火星与木星之间的某一颗行星碎裂而形成的。

柯伊伯带是含有许多小冰晶的盘状区域，距太阳约30到100天文单位。它们是原始太阳星云的残留物，也是短周期彗星的来源。

奥尔特星云是一个假设的包围着太阳系的球状云团，布满不活跃的彗星，位于距离太阳约1光年的地方。

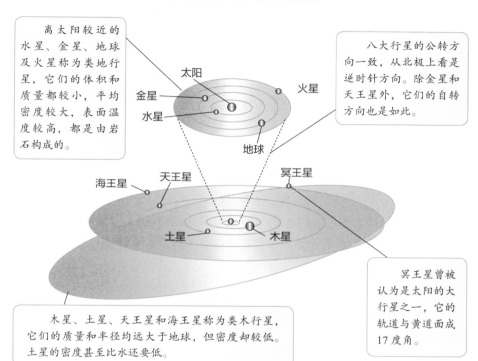

太阳
我们的“老族长”

太阳，是地球上一切生命的赋予者和能量来源，太阳神话更是一切神话的核心，当我们仰望这个不可直视的“老族长”时，有必要对它进行深入地了解。

一颗强大的心脏

太阳是一颗由极其炽热、高度致密的气体组成的巨大球体。它诞生在大约 45.7 亿年以前。太阳拥有整个太阳系质量的 99.85%。太阳的直径大约是 1392000（1.392×10^6）千米，相当于地球直径的 109 倍；体积大约是地球的 130 万倍；其质量大约是 2×10^{30} 千克（地球的 330000 倍）。太阳是太阳系中无可置疑的核心。她以核聚变的方式向太空释放能量，为太阳系内的所有成员带去光和热，其中仅有 22 亿分之一的能量到达地球，但已经是地球上生命的主要能量来源。

太阳有什么样的构造

按照从里向外的顺序，太阳是有核心、辐射区、对流层、光球层、色球层和日冕层构成的。在光球层之下被认为是太阳内部，光球层之上被称为太阳大气。

从化学组成来看，现在太阳质量的 73.46% 为氢，24.85% 为氦，而氧、碳、氖、铁和其他的重元素质量少于 2%。

太阳的未来命运

太阳虽然是太阳系中的中心天体，但在宇宙之中只是非常普通的一颗恒星。因此，太阳将在主序带上持续大约 100 亿年的时间。现在的太阳属于稳定的中年期，之后因为没有足够的能量爆发成为超新星。太阳将会变为一颗红巨星，膨胀到目前地球的轨道。最后太阳能够剩下的只有一颗核心——白矮星，并在之后数十亿年逐步冷却。

太阳的结构和生命历程

太阳的内部结构

太阳从中心到边缘依次分为四个层次，分别为核反应层、辐射层、对流层和太阳大气。

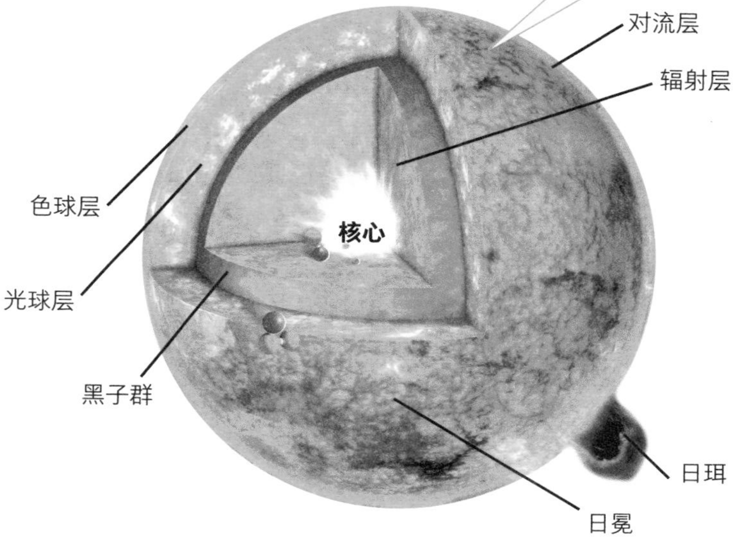

太阳的生命历程

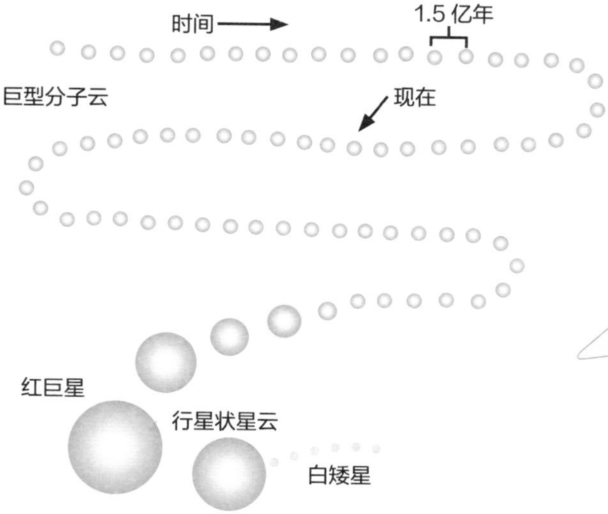

到目前为止，太阳大约转化了 100 个地球质量的物质成为能量。太阳在主序带上耗费的时间总共大约为 100 亿年。在约 50 亿年后它将进入红巨星的阶段，之后激烈的热脉动将导致太阳外层的气体逃逸，形成行星状星云。在外层被剥离后，唯一留存下来的就是恒星炙热的核心——白矮星。

水星

名不副实的最小行星

水星是太阳最近也是最小的行星。因为太近，所以它的速度最快；因为小，它留不住大气，也没有水，可以说是最名不副实的行星，更是一颗极冷与极热并存的冰与火的地狱。

太阳最近的邻居

水星是太阳系八大行星中距离太阳最近的行星，也是最小的一颗行星。它距离太阳的平均距离只有5790万公里，而赤道的半径则只有2439.7公里。甚至不如木星、土星的某些卫星大。因为距离最近，所以它的轨道比任何行星都跑得快，每88天就能绕太阳一周。但同时水星又有着很慢的自传，自传一周是58天，并且自转三周才是一昼夜，相当于地球的176天。这一现象在太阳系中独一无二。

冰与火之歌

因为水星只有极为稀薄的大气，无法对温度进行调节，距离太阳又太近，因此水星白昼的温度最高可以达到430℃，但水星的黑夜温度又会降低到零下160℃，昼夜温差高达600℃。这是太阳系所有行星表面温差最大的，堪称冰与火共存的世界。

酷似月球的“铁核星球”

由于水星只有极为稀薄的大气，因此无法阻止陨石的撞击。水星的表面和月球很相似，布满环形山，还有平原、盆地、断崖。早期的水星曾经有过剧烈的火山运动，因此形成了巨大的岩浆平原。

科学家认为水星内部存在着一个超大的内核，其质量甚至达到水星总质量的三分之二。水星上所含的铁的百分率超过了任何其他已知的太阳系行星，由70%的金属和30%的硅酸盐组成。水星所含的铁高达两万亿亿吨，按照目前世界钢产量来计算（约8亿吨），足够开采2400亿年。可以算得上是一颗铁核星球了。

令人难以捉摸的水星

由于水星是距离太阳最近的行星，因此难以被人们观测。哥白尼就以未能观测过水星为终身憾事。尽管人类已经对水星有了许多研究成果，但还有许多谜有待未来去揭开。

水星的基本数据

平均半径	2440 千米	轨道倾角	7.0 度
质量	3.3022×10^{23} 千克	体积	6.083×10^{10} 立方千米
公转周期	87.969 日	密度	5.43 克 / 立方厘米
自传周期	58.65 日	地表最高温度	426.85℃
平均轨道速度	47.78 千米 / 秒	地表最低温度	-193.15℃
轨道偏心率	0.206	卫星数	无

阳光下的水星表面

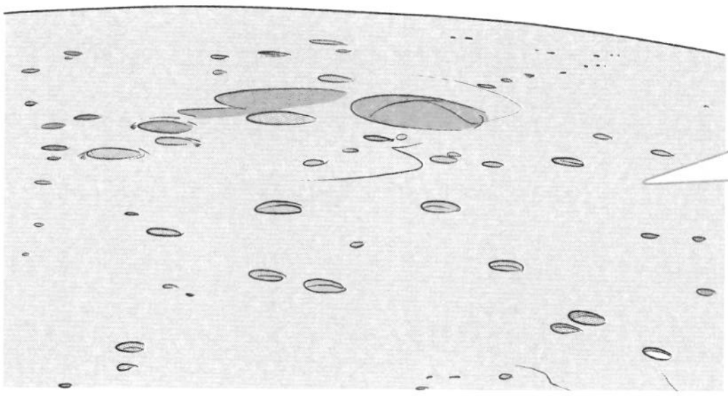

水星距离太阳最近，又没有大气调节温度，因此向阳的温度最高时可达 430℃。但背阳面的夜间温度可低到零下 160℃，昼夜温差近 600℃，夺得太阳系行星表面温差最大的冠军。

水手 10 号探测器

水手 10 号在 1973 年 11 月 3 日由美国发射升空。水手 10 号以飞掠的方式探测水星与金星，也是第一个探测过水星的太空船，为人类揭开水星的神秘面纱。

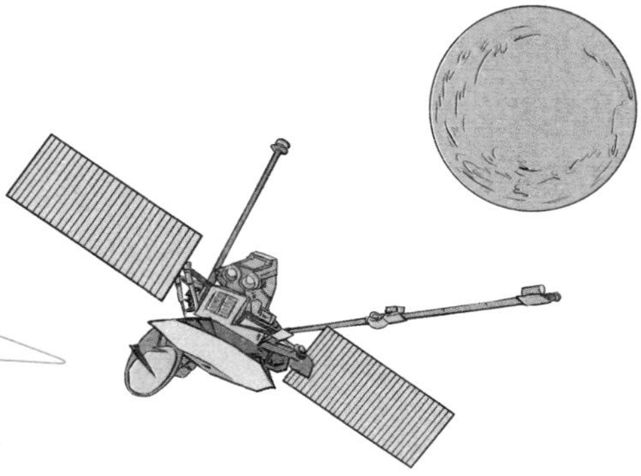

11

金星

高温与酸雨的地狱

金星是距离地球最近的行星，大小与地球相似，但环境却有着天壤之别。金星的大气97%都是二氧化碳，由此产生了可怕的高温，酸雨和极高的大气压力，这是一个堪称地狱的世界。

太阳打西边出来

金星的自转方向与天王星一样，同其他行星的自西向东相反，而是自东向西。因此，在金星上看太阳是西升东落的。更奇妙的是，因为金星自转非常慢，自转一周竟然长达243个地球日，而它绕太阳公转一周只需要224.7个地球日，因此金星上“日”比“年”长，这就导致了一个现象：在金星赤道上物体的天文速度只有1.8米/秒，所以，在那里只要向东散步，就能追上“东落”的太阳，让它永驻苍穹。

高温和酸雨的世界

金星从结构来看和地球差不多，因此也有人叫做地球的姊妹星。然而，如果你以为它的环境也和地球类似，那就大错特错了。金星有着超级浓密的大气，是地球大气层质量的100倍。更可怕的是，金星大气的二氧化碳含量高达97%，由此引发可怕的温室效应，其表面温度高达462℃（比水星还搞），还会下有腐蚀性的酸雨，大气压约为地球的90倍，环境极为严酷。

火山最多的行星

金星目前的地表有五亿年的历史，整个行星以广阔的平原、巨大的熔岩火山和山脉为主，你所看到的金星的光泽来自于其中的金属化合物。

金星上面有着比太阳系其他任何一颗行星都要更多的火山。天文学家在它的表面发现大型火山已经有1600多处。此外还有无数的小火山，总数超过10万。

环境与地球天差地远的“姊妹行星”

金星与地球虽是近邻，但环境与地球天差地远。那里的太阳西升东落，两个昼夜就相当于一个金星年。其表面的岩层非常年轻，到处都是熔岩和火山。那是一个神秘、奇特的世界。

金星内部结构图

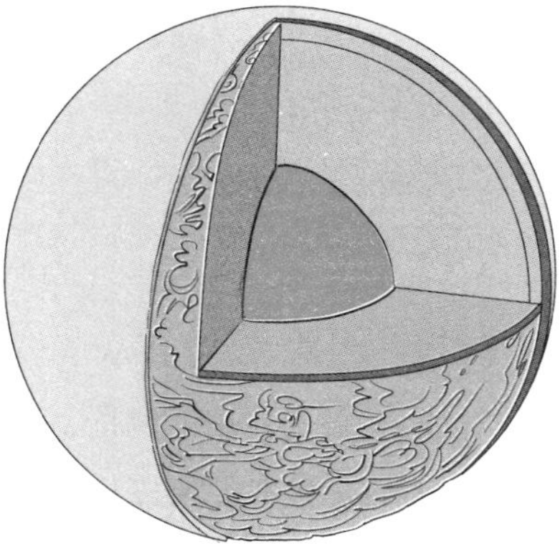

金星的内部结构尚未有定论，但推测它可能有一个半径3000公里的固态核。

金星表面

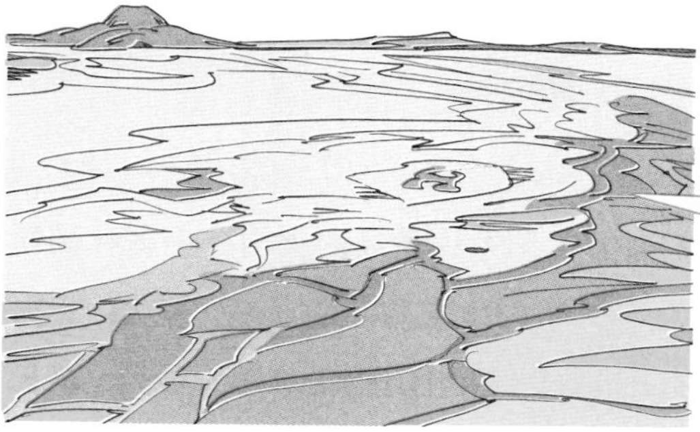

金星表面以火山地貌为主，地质年龄很年轻，不超过5亿年，几乎90%的表面是固结的玄武岩浆。

金星凌日

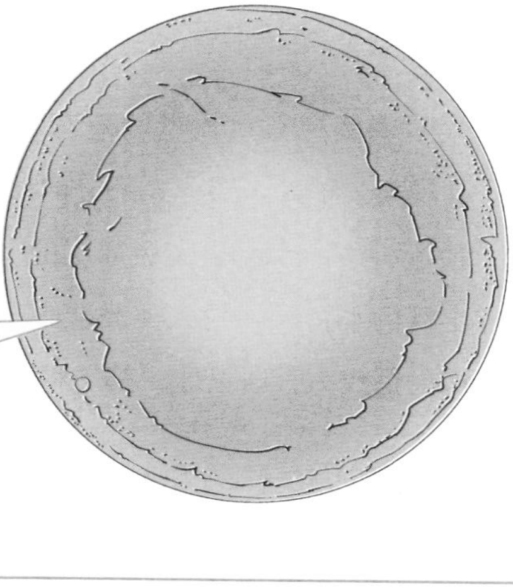

金星轨道在地球轨道内侧。某些特殊时刻，地球、金星、太阳会在一条直线上，这时从地球上可以看到金星就像一个小黑点一样在太阳表面缓慢移动，天文学称之为“金星凌日”。

火星

最像地球的红色行星

火星是太阳系中最像地球的行星，由于其表面为氧化铁所覆盖，因此火星被称作“红色行星”。这是一个大气稀薄、砾石遍地的荒漠星球。近年来不断在火星上发现水资源，让火星成为人类未来星际移民的首选之地。

环境严酷的类地行星

火星的直径仅为月球的两倍，地球的一半，质量仅仅只有地球的11%。由于其地表遍布着赤铁矿，所以火星呈现出一种橘红色，我国古代将其称为“荧惑”，西方则用战神马尔斯的名字给它命名。

火星的大气十分稀薄，仅有地球的1%，空气中漂浮着尘埃颗粒，散射着与自身壳里大小相同的红光，因此火星的天空是红色的，夕阳会因为红色部分的散射而偏蓝。

太阳系最高的山和最大的峡谷

火星上地质活动并不活跃，但拥有着太阳系中最高的火山——奥林帕斯山，高度超过21公里，是地球上珠穆朗玛峰的2倍之多。它还是一座火山，火山口的直径达到80公里，足够容纳两个伦敦。火星上还有着太阳系最大、最长的峡谷——水手号峡谷，长达3769公里，最深处7公里。

火星上的水

火星曾经拥有过大量的液态水，塑造了今天火星的地表。但在几十亿年前，火星失去了大气层，大部分的地表水也随之消失了。

最近科学家在火星南极冰层的下方发现了一个直径约20公里的液态水湖，这样丰富的水资源，为人类改造火星并进行移民提供了可能性。但即便人类想要改造火星成为宜居星球，其工程大概也需要千年之久。

地球的“姊妹”

火星无疑是太阳系中除了地球最有可能移民的星球，但它能否经过改造成为适合人类移民的行星？要达到适宜人类居住的程度需要什么样的改造？

火星与地球的对比

比较	火星	地球
平均赤道半径	3397 千米	6378 千米
赤道重力	0.377	1
体积（地球 =1）	0.151	1
密度（g/cm^3）	3.94	5.52
自转恒星周期	24 小时 37 分	23 小时 56 分
公转恒星周期	687 天	365.25 天
平均表面温度	-63.15℃	15℃
表面最高处	奥林帕斯山，海拔 21287 米	珠穆朗玛峰，海拔 8848.86 米
表面最低处	赫拉斯盆地，海平面以下 8180 米	马里亚纳海沟，海平面以下 11034 米
最大的峡谷地形	水手号：长 3769 千米，宽 200 千米，深 7 千米	美国：长 446 千米、宽 29 千米、深 1.6 千米
大气组成	CO_2（95%）、水汽、氩	氮（78%）、氧（21%）、氩等

火星全貌

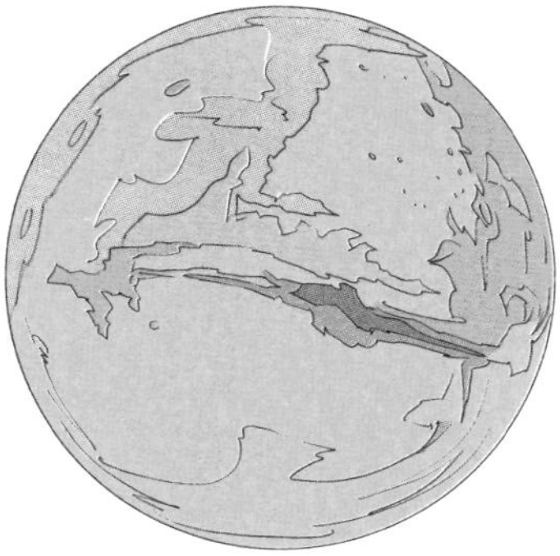

这颗红色的行星虽然和地球相似，但目前的技术手段还无法真正改造火星达到适宜于人类居住的程度。

《火星救援》剧照

火星一直被视为人类跨出地球家园最初落脚的地方，因此相关的影视剧也不断出现，《火星救援》就是一部主人公因为灾难被落在火星，最后通过自救成功回到地球的故事。

13

木星

太阳系的长子

木星是太阳系中仅次于太阳的行星，其质量是另外七大行星质量总和的2.5倍，是当之无愧的太阳“长子”。作为一颗气态巨行星，它有着八大行星中最大的体积、最快的自转速度、最多的天然卫星……虽然它表面狂暴，但却是地球上生命的“福星”。

太阳系中的“巨人”

木星是太阳系中体积最大的行星，赤道直径长达142984千米，它的体积可以装得下1300多个地球，质量却“仅仅”是地球的318倍。由此可知，木星并不是一个固体物质为主要组成的行星，而是一个巨大的液态氢星球——由90%的氢和10%的氦组成，还有微量的甲烷、水、氨气和二氧化硅等元素，这与形成整个太阳系的原始星云的成分十分相似。

木星的风暴“大红斑”

在木星上有一个显著的特征性标志——大红斑，它已经被天文学家观察了200多年到350年之久。这是木星上最大风暴气旋，长约25000千米，上下跨度12000千米，每六个地球日逆时针方向旋转一周。它类似于地球上的台风、火星上的尘暴，但规模在太阳系中首屈一指，并且持续了至少350年之久。

“大红斑”代表着木星大气的“狂暴”。木星是太阳系中自转速度最快的行星，使得大气的云被拉成长条形状，剧烈翻腾。大红斑就是木星大气运动的一个典型状态。

地球生命的“福星”

木星在太阳系中如此的庞大，它强大的引力在太阳系形成早期将远方的彗星吸引到地球上，这些天体将大量的水带到地球，形成了原始海洋。而后，木星又用它的引力有效地清除了太阳系中绝大部分的太空碎片，将一些小行星等天体抛出太阳系，还将某些天体直接吸引到木星之上。

行星之王——木星

木星在太阳系中体积最大、自转最快，质量是其他七大行星质量总和的2.5倍。木星的卫星目前为止已经观测到79颗，可以说木星自己就是一个微型的太阳系。

木星的基本数据

质量	1.90×10^{27} 千克	自转周期	9小时50分30秒
平均密度	1.326克/立方厘米	距地距离	6.3×10^{8}—9.3×10^{8} 千米
直径	142984千米	离心率	0.048775
表面温度	-108.15℃	公转周期	11.8618年
平均公转速度	13.07千米/秒	会合周期	398.88天
表面积	6.1419×10^{10} 平方千米	体积	1.4313×10^{15} 立方千米
卫星数量	已知有79颗	大气成分	氢氦、甲烷、氨、重氢、乙烷、水

木星的表面

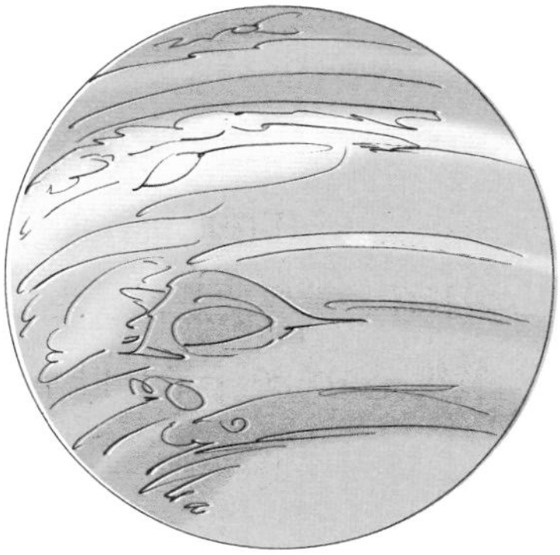

木星是太阳系中自转最快的行星，因此强大的离心力拉动木星云带剧烈的飘动，云层像波浪一样翻腾，还可以看到著名的“大红斑”。

木星南极图像

2018年2月，美国航空航天局（NASA）公布了由“朱诺”号探测器拍摄到的一组木星南极的图像，醒目的蓝色漩涡以华丽的图案扭曲变幻，创造了令人惊叹的奇观。

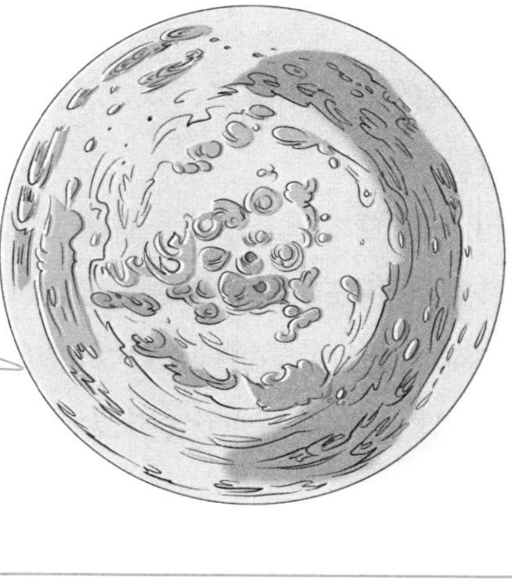

14

土星
太阳系最美丽的行星

土星是肉眼可见的最远的行星，也是太阳系中公认最美的行星，因为它有着美丽的光环。它的密度之低甚至可以让它浮在水上。此外，它还有着一颗有诸多独一无二的卫星——土卫六。这让土星有了许多与众不同之处。

唯一能漂浮在水上的行星

土星内部的核心包括岩石和冰，外围则是由金属氢和气体包裹着。土星的平均密度极小，不到 0.7 克 / 立方厘米。这也就意味着，它是太阳系里唯一可以浮在水面上的行星。土星是“斜着身子”绕太阳公转，公转速度较慢，绕太阳一圈需要 29.657 年，不过自传速度很快，仅次于木星，赤道自转周期是 10 小时 33 分钟。

土星的美丽光环

土星的光环是由伽利略首先发现的，在随后三百多年间为人们所逐步熟悉。土星光环是某个天体因为无法抗衡土星的引力潮汐作用而解体的。土星光环最早发现了 A、B、C 环，之后还发现了许多新环，重要的是，这些光环虽然范围极广，如 A 环的外半径 13.7 万千米，而宽度是 14600 千米，但厚度极薄，比如 B 环的平均厚度只有十几米。

独一无二的土卫六

土星的卫星非常多，仅次于木星，目前能够确认的卫星有 82 颗，其中不乏明星卫星。

土卫六是太阳系中唯一拥有大气的卫星，其主要成分是氮。它还是太阳系卫星中唯一存在表面液体的。它的温度在零下 190℃到零下 210℃之间，形成了魅力的液氮海洋。探测土卫六的登陆探测器“惠更斯号”甚至在土卫六上“听到”了风声。这些特点让它成为最受天文学家瞩目的卫星。

土星：美丽的光环笼罩下的行星

土星是太阳系八大行星中公认最美的行星，即便你对天文学不感兴趣，但只要在望远镜中看上土星一眼，肯定会对它的身姿留下难忘的印象。别忘了，它还拥有一颗让人惊叹的卫星——土卫六。

土星和它的光环

土星因为它的光环有了“星中美人”的称号。土星环位于土星赤道面上，大的光环有七个，每一道环里面又有成百上千条挤在一起的细环组成，它们是由无数冰和岩石碎块所组成的。

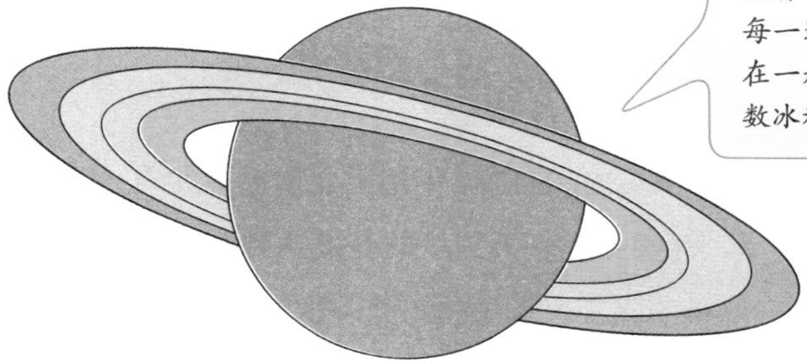

伽利略

伽利略是第一个用望远镜发现土星光环的人，但由于当时条件限制，他以为土星“长出了两个耳朵”。直到半个世纪后荷兰天文学家惠更斯才证实那是土星的光环。

土星内部的构造

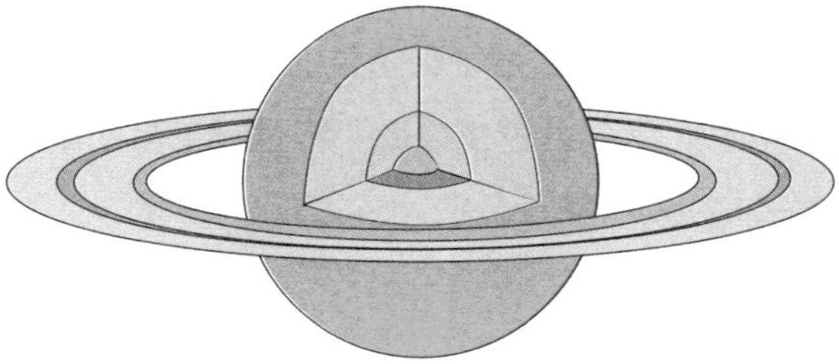

土星被认为内部构造与木星相似：一个岩石核心，外面被氢和氦包裹着；核心之外是金属氢层，外部是液态氢和氦层；最外是厚达1000公里的大气层。

15

天王星

“躺着”自转的冰巨星

天王星是人类第一次用望远镜发现的行星，将人类对太阳系认识的边界给予了一次极大的拓展。这颗天蓝色的冰质巨行星，是在自己的轨道上“躺着”自转的，这一点独一无二。它虽然不是距离太阳最远的，但温度却是行星里最低的。

巡天偶得的发现

天王星是英国天文学家威廉·赫歇尔在 1781 年用天文望远镜发现，被认为是第一个用望远镜发现的行星。但实际上，天王星的亮度达到 6 等星，最亮的时候星等可以达到 5.5 等。在赫歇尔之前，天王星不止一次被天文学家观察到，然而谁都没有意识到自己观测到的是行星。只有赫歇尔这位长达几十年连续进行巡天观测的学者终于发现了天王星的与众不同之处，辨认出它是一颗比土星更遥远的行星。

冰巨星

天王星以希腊神话中的天空之神乌拉诺斯命名，它的质量比地球大 14.5 倍，主要由岩石和各种成分不同的水冰物质组成，主要元素是氢（83%），其次是氦（15%），内核是由冰和岩石组成。因为天王星、海王星的内部结构和木星与土星的差别较大，冰的成分超越气体，因此天文学家将它们另列为冰巨星。

躺着自转的星球

天王星的另一个奇异之处在于它几乎是在轨道上“躺着”转动的。天王星的自转轴和公转轴的方向夹角达到了 97.8°，而地球的夹角只有 23.4°。因为天王星每 84 个地球年绕太阳公转一周，这就造成了天王星的南北极其中一个被太阳持续照射 42 年，另外一个则处于 42 年的极夜之中。不过天王星的阳光强度只有地球的 1/400，因此始终处于酷寒之中。

妙手偶得之的天王星

天王星比水星、金星、地球和火星加在一起还大得多，它绕太阳公转的轨道半径相当于土星轨道半径的两倍、地球轨道半径的 20 倍。赫歇尔刚发现它时还以为它是一颗彗星，直到后来才确定它是望远镜发现的第一颗行星。

“躺着”自转的天王星

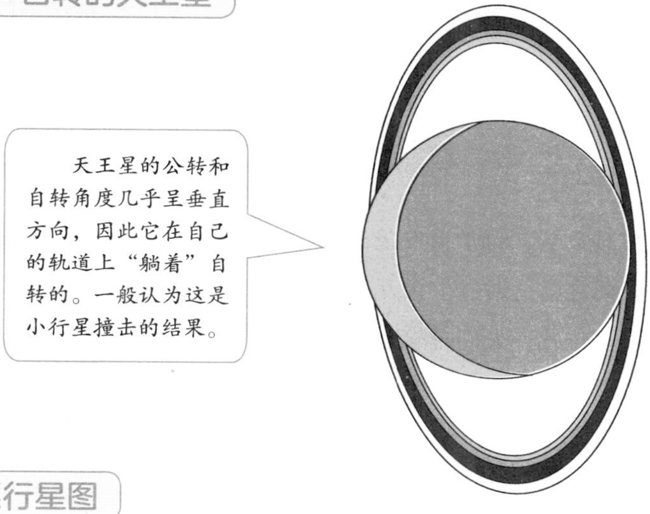
天王星的公转和自转角度几乎呈垂直方向，因此它在自己的轨道上“躺着”自转的。一般认为这是小行星撞击的结果。

太阳系行星图

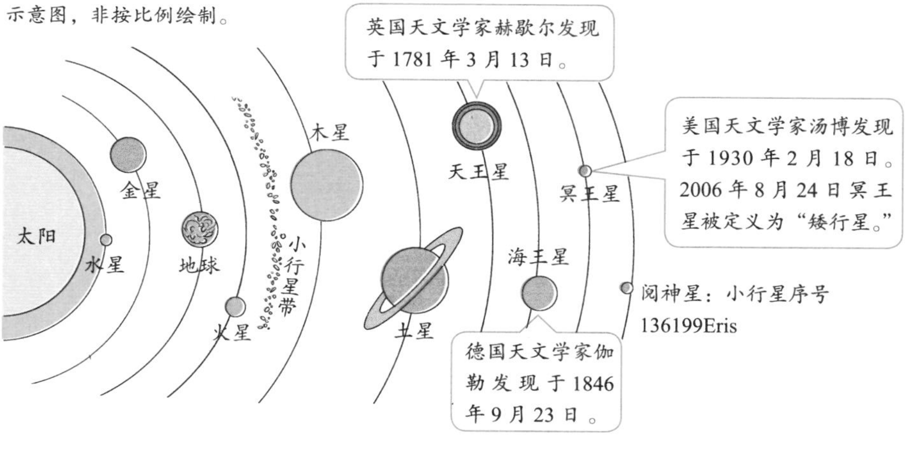
示意图，非按比例绘制。
太阳
水星
金星
地球
火星
小行星带
木星
土星
天王星
英国天文学家赫歇尔发现于 1781 年 3 月 13 日。
海王星
德国天文学家伽勒发现于 1846 年 9 月 23 日。
冥王星
美国天文学家汤博发现于 1930 年 2 月 18 日。2006 年 8 月 24 日冥王星被定义为“矮行星。”
阋神星：小行星序号 136199Eris

水、金、火、木、土这 5 颗行星是距离地球最近的行星，也是仅有的五颗仅凭肉眼即可观察到的行星，到底是谁最早发现了它们已无证可考。

16

海王星

“笔尖上的发现”

海王星是目前太阳系八大行星里面最遥远的一颗，公转周期长达154.8个地球年。它的发现颇具传奇色彩。它是第一颗利用数学计算而非有计划的观测发现的行星，堪称牛顿经典力学和数学计算的最好证明。

被算出来的行星

天王星被发现之后，科学家发现天王星轨道计算的结果和实际观测的结果有很大误差。在此之前，通过牛顿万有引力定律，科学家已经能够准确推算和预测行星的轨道和位置。人们排除了种种可能，得出的结论是：计算过程中肯定有一个影响因素没有考虑进去，才导致了计算与实际观测的偏差。

1846年，法国天文学教师奥本·勒维耶通过大量的计算，独立完成了海王星位置的推算，并将自己的运算结果教给了柏林天文台的天文学家伽勒。后者和他的助手将望远镜指向了计算中新行星的位置，仅仅用半个小时就发现了海王星，与勒维耶的结算结果差距不到1°，当即轰动整个欧洲。

太阳系的最强风暴

海王星有着荧荧的淡蓝色光，因此以罗马神话中海神尼普顿命名。它的直径是地球的3.88倍，质量约为地球的17倍。在直径和体积上比天王星要小，但因为密度高，质量上则要大一些。

海王星的轨道周期大约相当于164.8个地球年，因此从发现时到现在也不过才刚过了1个“海王星年”，其自转周期为15小时58分。由于距离太阳太远，海王星所受到的太阳光比地球上微弱1000倍。不过，海王星的核心温度高达7000℃，因此驱动着海王星大气有着太阳系中最高风速的风暴，其风速达到2100千米/时，是音速的1.5倍。而地球上12级台风的风速不过118千米/时。

海王星：数学运算的“奇迹”

海王星是第一颗先通过纯粹数学计算轨道，之后观测发现的行星。这一壮举证明了人类科学理论的预言价值，也显示了牛顿万有引力定律和微积分的重大作用，因而被人们称颂为 19 世纪重大的科学胜利。

海王星轨道的计算者勒维耶

海王星发现者伽勒

德国天文学家，柏林天文台台长。根据勒维耶的计算结果发现了海王星。

海王星的基本信息

发现时间	1846 年 9 月 23 日	质量	1.0247×10^{26} 千克（地球的 17 倍）
平均密度	1.638 克 / 立方厘米	直径	49,528 千米
表面温度	-201℃	逃逸速度	23.5 千米 / 秒
自转周期	15 小时 57 分 59 秒	公转周期	60,327.624 天
平均公转速度	5.43 千米 / 秒	体积	6.254×10^{13} 立方千米
赤道自转速度	2.68 千米 / 秒	自转轴倾角	28.32°
表面重力	$11.51 m/s^2$	卫星数	14 颗

17

小行星
太阳系中的“小家伙”们

在太阳系中，除了八大行星之外，还有许许多多的小行星和彗星。小行星的质量之和比月球的质量还小，但其中有的却对地球有着不小的威胁。彗星是在扁长的轨道上绕着太阳运行的一种质量很小的云雾状小天体。它们是太阳系不可或缺的成员。

千奇百怪的小行星

目前为止，太阳系中一共已经发现了约 127 万颗小行星，而这只是小行星之中很少的一部分。一般认为，小行星是太阳系形成之后的物质残余。目前发现的直径超过 240 公里的小行星大约有 16 个，而最大的小行星被重新分类，定义为矮行星。这些小行星大部分成分是二氧化硅、铁、镍等元素。某些轨道与地球相交的小行星对地球有着潜在的威胁，它们被称为近地小行星。已知的直径在 4 公里以上的近地小行星有数百个，一旦和地球相撞就可能带来灾难。

小行星带：小行星的“聚居区”

小行星带只是太阳系中位于火星和木星轨道之间的小行星密集区域，90% 以上的已知小行星的轨道位于小行星带之中。一般认为是木星强有力的引力让它们不断碰撞和破碎。其中人类最早发现的小行星如谷神星、智神星、灶神星等都位于小行星带之中。

彗星：太阳系的不速之客

彗星绕着太阳运动，在接近太阳时亮度和形状会随着日距变化而变化的天体，一般有着云雾状的外貌，分为慧核、慧发和慧尾三部分。彗星物质主要由水、氨气、甲烷、氰、氮、二氧化碳等所组成，还有石块、铁、尘埃等固体物。目前发现绕太阳运行的彗星有 1700 多颗，而有科学家估计，在太阳系的边远位置有多达几十亿颗彗星群。

“致命”的小行星和彗星

小行星和彗星理论上都可能给地球上的生命带来致命威胁。一般认为，6500 万年前的恐龙灭绝就和小行星撞击地球有关。因此，观测小行星和彗星对预防地外天体撞击地球的灾难具有重要的意义。

1 号小行星谷神星

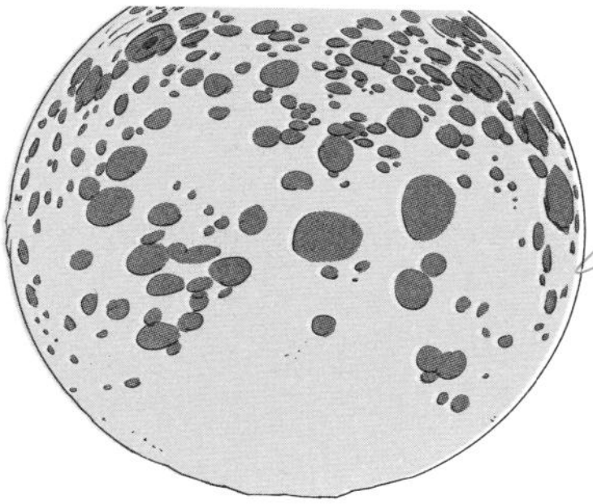

谷神星于 1801 年被发现，是太阳系中最小的、也是唯一位于小行星带的矮行星。它曾被认为是太阳系已知最大的小行星，其平均直径等于月球直径的 1/4。

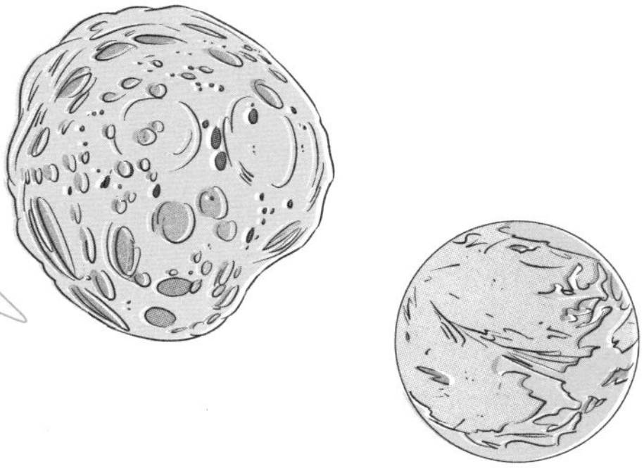

近地小行星指那些轨道与地球轨道相交的小行星。这类型的小行星可能有与地球撞击的危险。目前发现的直径超过 1 千米的近地小行星有 500 多颗。

小行星带想象图

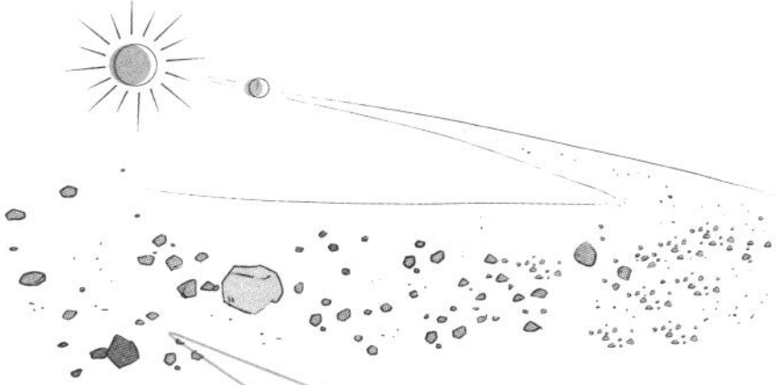

小行星带位于火星和木星轨道之间的小行星密集区域。目前已经发现了约 127 万颗小行星。根据估计小行星的数目应该有数百万之多。

彗星轨迹运行图

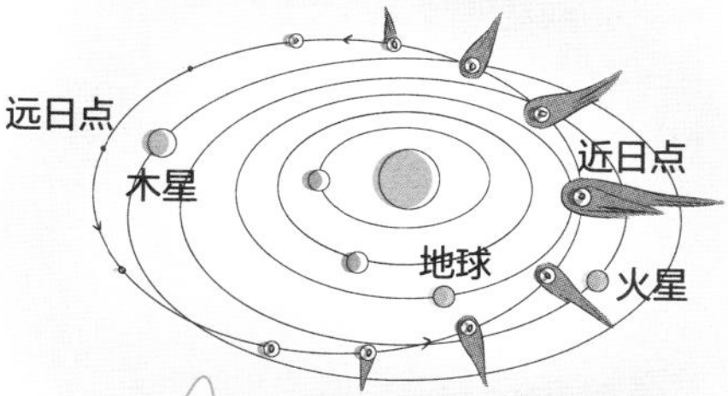

彗星会随着距太阳的距离变化，亮度和形状会随之变化。一般认为彗核是个“脏雪球”。彗星接近恒星时会形成彗发和彗尾。

18

地球

认识我们的家园

地球，是太阳系八大行星之一，由近及远的第三颗行星。它起源于46亿年前的原始太阳星云，是目前宇宙中已知存在生命的唯一天体。这颗表面覆盖着海水的蓝色星球，是包括人类在内的数百万种生物的家园。

认识我们的地球

地球的赤道半径为6378.137千米，赤道周长大约为40076千米。地球呈现出一个两极稍扁、赤道略鼓的椭圆球体。地球表面积约5.1亿平方千米，其中71%为海洋，29%为陆地，因此在太空中看到的地球是美丽的蔚蓝色。

地球诞生在大约46亿年前，通过吸积作用，在原始太阳星云中形成。在地球形成早期，一颗火星大小的天体撞击了地球，一部分与地球结合，另一部分飞溅出去形成了今天的月球。

地球的圈层

根据地震波在不同深度传播速度的变化，地球内部一般分为三个球层：地核、地幔和地壳。地壳是地球的表面层，也是地球上生命生存的地方。地壳下面的中间层叫地幔，有致密的造岩物质构成。地幔下面是地核，物质是固态的，地核温度在6000度以上。

地球外圈可以划分为四个基本圈层，即大气圈、水圈、生物圈和岩石圈。地球表面的温度受太阳辐射的影响，全球地表平均气温在15℃左右。

地球的六大板块

地理学家将全球地壳分为六大板块：太平洋板块、欧亚板块、非洲板块、美洲板块、印度洋板块（包括大洋洲）和南极洲板块。这其中除了太平洋板块几乎都是海洋之外，其余的板块都既包括大陆又包括海洋。大陆板块每天都在以微小的变化在运动着。地震、火山爆发、海啸、海沟的形成等都是大陆板块运动所引起的。

认识我们的地球

在浩瀚宇宙之中，地球是一个表面光滑的、蓝色的正球体。它最显著的特点是具有圈层构造，上层地壳通过地质作用不断缓慢变化。大约 2.5 亿年以后，地球的七块大陆将重新成为一个新的超级大陆——阿马西亚大陆。

地球的内部构造

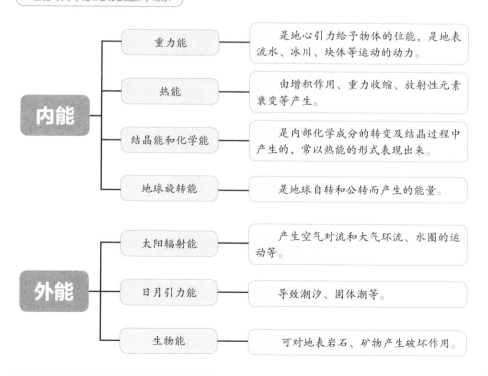

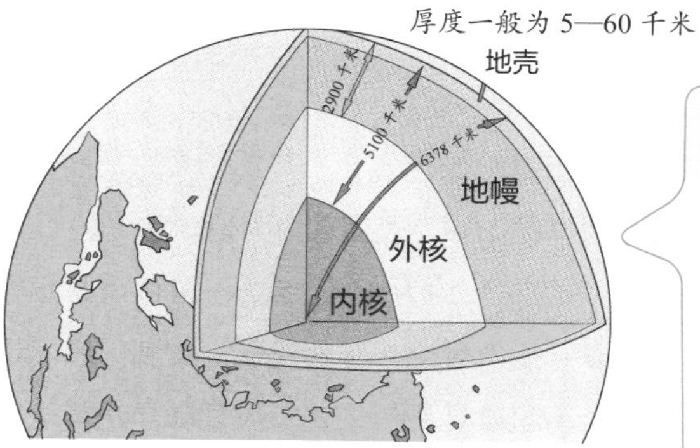

地球是一个非均质体，内部具有分层结构，各层物质的成分、密度、温度各不相同。在天文学中，研究地球内部结构对于了解地球的运动、起源和演化，探讨其他行星的结构，解决行星以至整个太阳系起源和演化问题，都具有十分重要的意义。

地质作用的能量来源

内能

- 重力能：是地心引力给予物体的位能，是地表流水、冰川、块体等运动的动力。
- 热能：由增积作用、重力收缩、放射性元素衰变等产生。
- 结晶能和化学能：是内部化学成分的转变及结晶过程中产生的，常以热能的形式表现出来。
- 地球旋转能：是地球自转和公转而产生的能量。

外能

- 太阳辐射能：产生空气对流和大气环流、水圈的运动等。
- 日月引力能：导致潮汐、固体潮等。
- 生物能：可对地表岩石、矿物产生破坏作用。

19

月亮
地球的亲密伴侣

月球是距离地球最近的天体，也是被人类研究得最多的天体。它距离地球38万公里，也是太阳系里质量最大的卫星。月亮对地球有重要的影响。人类已经登上过月球，但月球对人类来说依旧有许多不解之谜。

地球的唯一伴侣

月亮是地球唯一的天然卫星，在太阳系里排行第五，其直径大约是地球的1/4，质量是地球的1/81，体积大概是地球的1/49，表面重力为地球重力的1/6。

通过对月亮岩石的研究发现，月亮的年龄约为45亿年。一般认为，月亮是地球与火星一般大小的天体“忒伊亚”撞击后，一部分残骸汇集到一起而形成的。通常说来，其他行星的卫星直径不超过母星的1/20，但月球却达到了地球的27%，这可以解释为什么月亮相对于地球来说大的不同寻常。

月球的概况

月球表面布满了由小天体撞击形成的陨石坑，被称为“环形山”。而月球上的暗区是平原或者盆地，被称为“月海”，明亮的地区是高地。月球背面的结构和正面差异比较大，地形更加凹凸不平，撞击坑更多。

月球在绕地球公转的同时进行自转，自转周期与地球相同，所以地球上永远只能看见月球上同一面向着地球。这是行星的“潮汐锁定”作用，在太阳系的卫星世界中比较常见。

人类探月史

月球是人类唯一已经登陆过的地外天体。20世纪50年代末，美国和苏联在探索月球方面展开了太空竞赛，美国为此实施了著名的阿波罗载人登月计划。1969年7月21日，人类第一次登上月球，并在月亮上留下了第一个脚印。目前一共有12名航天员登上月球，全部是美国人。

人类探月的历程

月亮不仅仅是古往今来人类美好意象的寄托，更是人类进行外太空探索的起点。月球对于人类深化对行星的认识，提供宝贵的资源方面极具价值，因此各国都在积极进行探月活动，掀起又一轮的探月高潮。

阿波罗 11 号登上月球

1969 年 7 月 21 日，阿波罗 11 号登月舱在月球静海登陆，阿姆斯特朗登上了月球，留下了人类在月球上的第一个脚印。

中国的探月工程

中国探月
CLEP

中国探月工程又称“嫦娥”工程，于 2004 年正式开始，分为“无人月球探测”、“载人登月”和“建立月球基地”三个阶段。

嫦娥三号月球探测器

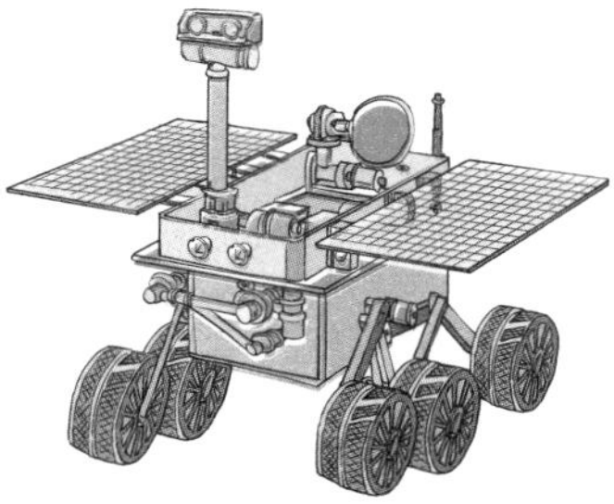

嫦娥三号月球探测器是中国第一个无人登月探测器，于 2013 年 12 月 14 日在月球成功软着陆，创造了全世界在月工作最长时间记录。

鹊桥中继卫星

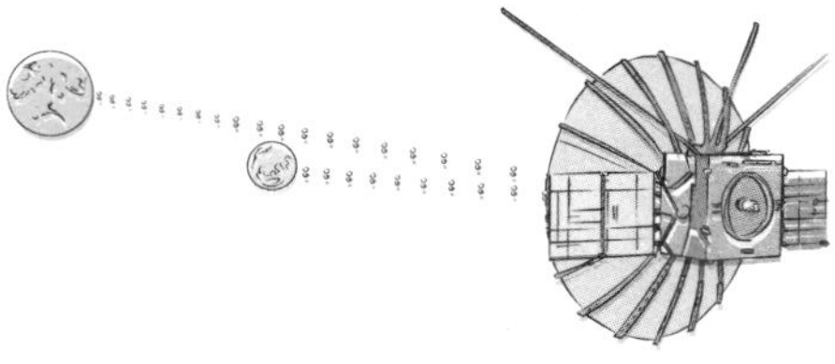

鹊桥是即将在月球背面登陆的嫦娥四号探测器的中继卫星，它运行在地月引力平衡点 L2 上，为嫦娥四号提供地月中继通讯支持。

20

地月关系

不可或缺的伙伴

月亮与地球之间的关系远比想象中更加密切，没有月亮，地球上将不会有潮汐，不会有稳定的四季，甚至未必适合人类生存。月亮不但是地球的伴侣，更是地球生命的保护者之一。

地球的潮汐作用

月球围绕地球旋转，其引力诱发地球海洋的潮汐现象，如果没有月球，地球的潮汐现象将会消失，你就不会看到大海的潮起潮落。潮汐作用为地球早期生物由海洋走向陆地起了重要作用。

月球对地球生命的影响

早期地球的自转速度快，昼夜温差很大，温度在水的沸点和冰点之间变化，不适宜生命发展，而月球减慢了地球的自传，使地球的自传和公转周期渐趋合理。更重要的是，月球的存在使得地球自转轴的倾斜角保持稳定，从而使地球气候相对稳定，否则地球的自转轴倾斜角没数百万年将会发生 0—50 度的变化，地球气候也会因此而发生变化。

地球的“挡箭牌”

月亮还替地球阻挡了许多小行星的撞击，这一点有月球的环形山可以证明，其中某些大的小行星会对地球生命带来灾难性影响。一般认为，6500 万年前的恐龙灭绝就是小行星撞击地球的结果。也正是由于月亮帮助地球挡住了不少小行星的撞击，地球上的生命才能得到稳定有序的演化发展。因此，月亮对于地球和人类来说都是十分重要的。

当然，月球对地球的影响也并不全是好的方面。一般认为，地震和月球有一定的关系。这是由于月亮的引力影响海水潮汐，当地壳内部发生异常的变化，积蓄了大量的能量之后，月球的引力就可能是造成地球板块发生地震的导火索。

地球和月亮的相互作用

地球和月亮组成的天体系统称之为地月系。地月共同作用的结果引起月球公转的方向与地球自转的方向相同，并引起地球上的潮汐。地月系带给地球的影响是多方面的。

太阳、月亮与地球潮汐之间的关系

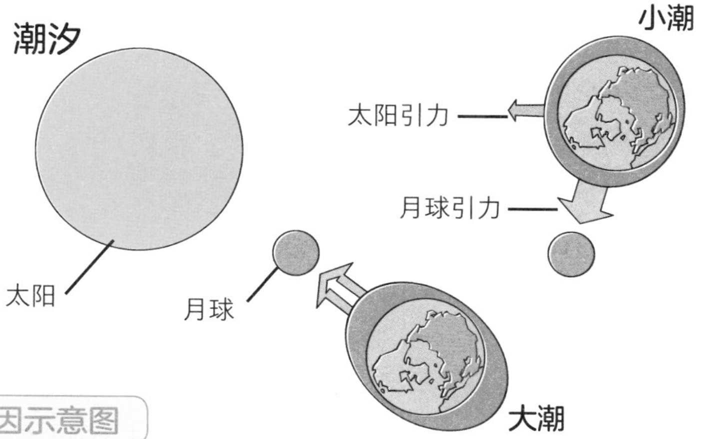

月相成因示意图

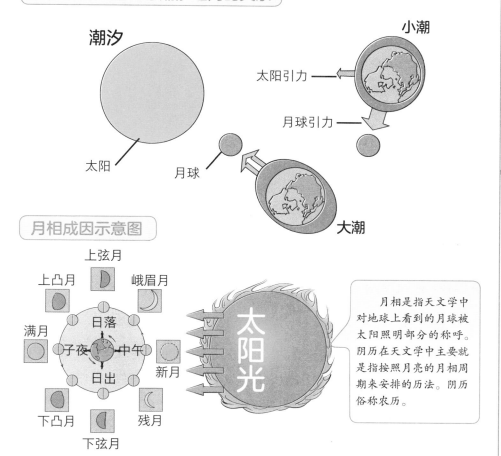

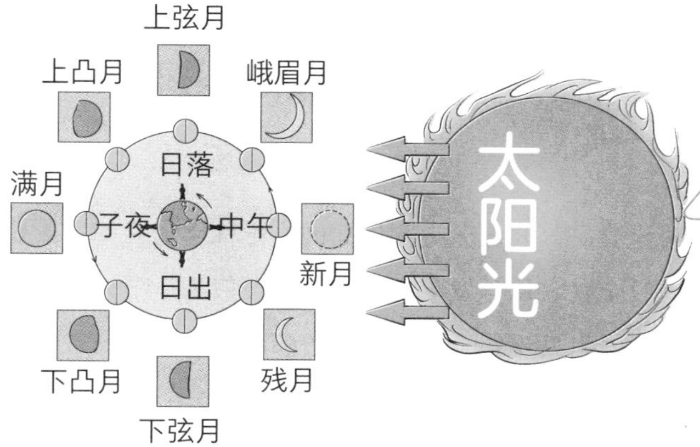

月相是指天文学中对地球上看到的月球被太阳照明部分的称呼。阴历在天文学中主要就是指按照月亮的月相周期来安排的历法。阴历俗称农历。

月相、方位和时刻一览

月相	距角	与太阳出没比较	月出	中天	月落	月见时间
新月	0°	同升同落	清晨	正午	黄昏	彻夜无月
满月	180°	此起彼落	黄昏	半夜	清晨	通宵见月
上弦月	90°	迟升后落	正午	黄昏	半夜	上半夜西天
下弦月	270°	早升先落	半夜	清晨	正午	下半夜西天

21

日食和月食

壮观的天文现象

日食和月食发生在太阳、月亮和地球处于同一条直线上之时。日食只发生在新月的时候，而月食则只出现在满月之日。日食和月食曾长期困扰人类，被当做上天的警示，因而曾发生过许多有趣的故事。

日全食：最壮观的天象之一

当月球运动到太阳和地球中间，三者正好处于一条直线时，月亮挡住太阳射向地球的光线，黑影正好落到地球上，这就是日食。日食有日偏食、日环食和日全食。其中，日全食是最壮观的三大天象之一。

实际上，日全食绝非是十分罕见的天象，差不多每隔一年半地球上某个地方就会发生一次日全食，只是全食带很窄，因此地球上某一特定区域的人来说，要 300 年才差不多能看到一次日全食。日全食分为初亏、食既、食甚、生光、复原武五个阶段。在大约一个半钟头的时间里，月球逐步侵蚀太阳表面，最后全食发生时非常壮观：气温骤然下降，天空变暗，群星浮现，一切都会在刹那间安静下来，这时你可以看到太阳的日冕和日珥，最后太阳逐步复原。

月食：“天狗食月”

月食可分为月偏食和月全食。月亮部分进入地球的本影称之为月偏食，而全部进入地球本影就会出现月全食。每年发生月食的次数一般为 2 次，最多发生 3 次，有时一次也不发生。因为只要处于面对月球的那一半地球的人来说都可以看到，所以对常人来说，观看月食的几率反倒比看到日食更多。

月食只会发生在农历十五，也就是满月的时候。月全食每 13.5 个月发生一次，月偏食约 22 个月发生一次。

图解日食和月食

日食和月食的发生同月球和地球的影子有关。日月食是自然界中最著名的天象之一，历史上的人们将日月食赋予了许多宗教和神话色彩，这些传说反映了人们对日月食这种天文现象的强烈关注。

日食和月食的差异		
	日食	月食
日、地、月三者的位置	月亮位于太阳、地球的中间	地球位于月亮、太阳的中间
发生时间（农历）	初一	十五、十六
类型	日全食、日环食、日偏食	月全食、月偏食

日全食的过程

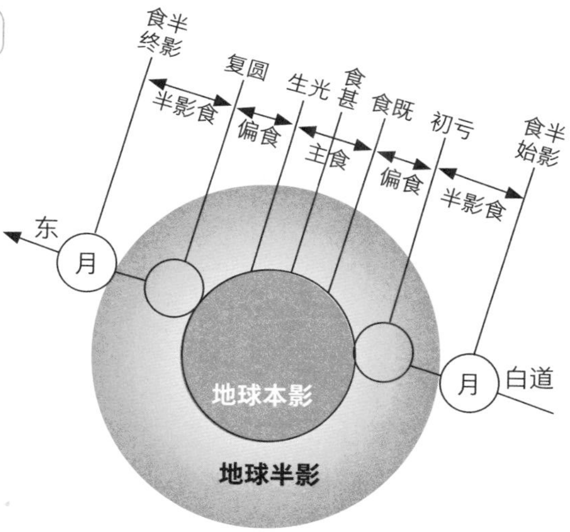

月全食的过程

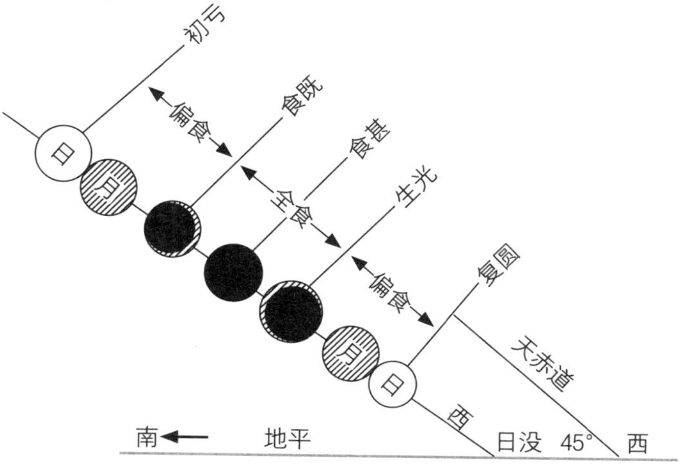

22

地球生命之树

从真核细胞到人类

地球有46亿年的历史，而生命在地球上已存在了38亿年之久，从单细胞生物一直到今日的人类，这是一幅波澜壮阔的生物进化画卷。生命的历史不仅是生物进化史，也是地球演化的历史，这是一棵根深叶茂，永不停息变化着的生命之树！

单细胞生物占据生命史的七分之六

地球上最古老的生命遗迹被发现在格陵兰岛的古老岩石之中，距今大约有38.5亿年。从最早的细胞生命开始的生物进化，历时了38亿年之久。而这其中，单细胞生物居于统治地位的时间就占了地球生命存在的几乎6/7。

首先出现的是原核生物蓝菌为主题的单细胞生物，之后出现了真核细胞构成的生物。最新的研究表明，真核生物大约在23亿年前的某一天出现。真核生物例如原始海绵和类水母生物。

生物大爆炸和大灭绝

目前，明确的多细胞植物化石大约在6亿年前的震旦纪出现，而多细胞动物的出现要比植物晚，在5.7亿到5.5亿年前的寒武纪出现。随后寒武纪有了著名的“寒武纪生命大爆发”。多细胞生物的出现可以说是地球生命进化的巨大进步，植物由水生走上了陆地，从苔藓植物、蕨类植物到裸子、被子植物，地球上最重要的生态系统发展出来了。

人类的起源

大约3300万年前出现了最早的古猿原上猿，之后出现森林古猿，逐步分化成了腊玛古猿和南方古猿。大约在150万年前到250万年前，南方古猿的一支进化成人属。

通过能人—直立人—早期智人—晚期智人的发展过程，大约10万年前人类走出非洲，逐步扩展到全世界，形成了今天七十亿人的人类社会。

生命的发展历程

从理论来说，许多行星都可以诞生生命，但生命的历程不仅是生物自身的进化，也是星球的进化历程。因此，在茫茫宇宙之中，目前为止只有地球得以出现有高级生命，从这个角度来说，人类是宇宙中的幸运儿。

地球起源、生命起源和人类进化的模拟时间表

模拟时间	事件	距今时间
午夜 0 点	地球起源	约 46 亿年
5：45	生命起源	约 34 亿年
21：02	脊椎动物起源	约 5.3 亿年
22：45	哺乳动物起源	约 4 500 万年
22：56	灵长类动物起源	约 1 000 万年
22：58	南方古猿起源	约 440 万年前到 100 万年前
23：49′ 20″	能人起源	约 200 万年前到 40 万年前
23：59′ 24″	直立人起源	约 200 万年前到 20 万年前
23：59′ 55″	早期智人起源	约 20 万年前到 3.4 万年前
23：59′ 59″	现代智人起源	约 13.5 万年前到 3.4 万年前

（注：设想全部地球史为 24 个小时，1 分钟 300 万年，1 秒钟 5 万年。）

从猿到人的进化

人是从古猿进化而来的，其演化过程大致经历了从南方古猿—能人—直立人—早期智人—晚期智人—现代人等几个阶段。这是一个漫长的演化过程，至今大约已有 300 多万年。

第六章

时间箭头

我们如何区分过去和未来？我们如何感受时间的流逝？科学定律又是怎样界定时间是往前还是往后？时间箭头区别了过去和未来。关于时间机器的研究渐渐成为热门话题，时间本身巨大的魅力毫无疑问是主要原因。同时，探寻时间机器本身可能性的活动将对我们深入理解时空和宇宙有重大帮助。

本章关键词

时间方向　时空隧道　时间机器

时间有没有尽头?

——霍金

◇ 图版目录 ◇

时间箭头

一去不返的时间

人们普遍感受时间和空间截然不同，空间可能再重新回到相同的场所，而时间就如离弦的箭一样，一去不复返。

一去不返的时间

流逝的时光永远不可能再返回，时间只会跑向未来，像涓涓逝去的流水，也像离弦而去的飞箭。物理也将时间只由过去朝未来前进、绝不逆行的单一方向性，称为时间箭头。

在相对论中，时间和空间是一起创造出时空的。但是从人们的亲身体验而说，所谓的时空，仍然让人们感到一片茫然。在实际的生活中，人们总是感觉时间和空间是根本不同的。这种感觉的原因就是时间一味地朝向单一方向飞逝，决不会复返。空间虽然还有可能再重新回到相同的场所，可是时间却是一定无法再回到起点的。

溢出之水

关于时间箭头的问题，可以举出很多例子来，比如将水由杯子溢出的情形录下来，然后把它倒着播放出来，就会看到满溢的水很自然地呈现出回到杯内的影像。看见这一情形的人，无论是谁都会察觉这是倒带的映像或影像。因为在自然中，这种情形是绝对不会发生的。因为水在杯中的状态是属于过去，水从杯子里倒出的状态是属于未来，这是无法改变的事实。

钟摆运动和行星公转

其实，在现实生活中，并不是完全没有方法来区分过去和未来的运动，比如钟摆运动或行星的公转运动之类的周期运动。这是因为它们总是在做同样的运动，并且反复地重复，如果将此运动录影下来，即使倒带的话，也不会有任何不可思议的感受。

然而，如果是长时间看着该运动的话，情况就不同了。如钟摆的例子，因为空气的阻力或摩擦，运动会逐渐地变小，最后会停止。处于静止状态的钟摆，自然也不会开始摆动。就行星的公转运动来说，由该行星的诞生开始，直到该行星的消灭结束。周期运动也是一样，只要长时间观察，就可以很清楚地区分出过去和未来的状态。自然界所产生的现象，就人们的经验来说，像这样在某一个方向发生的，就绝对不会发生在其他相反方向的。所以，人们感觉到时间是由过去流向未来的。

时间的单一方向性

逝去的时间永远不可能再回来，像离弦而去的飞箭。在物理学领域，时间这种由过去朝未来前进、绝不逆行的特性被称为单一方向性。

时间就像溢出之水

时间箭头的特性可以用很多例子来说明。例如，将水由杯子溢出的情形录下来，如果倒带的话，满溢的水会回到杯内，然而在自然状态下，这种情形是不会发生的。因为水在杯中的状态是属于过去，水从杯中倒出来的状态是属于未来。

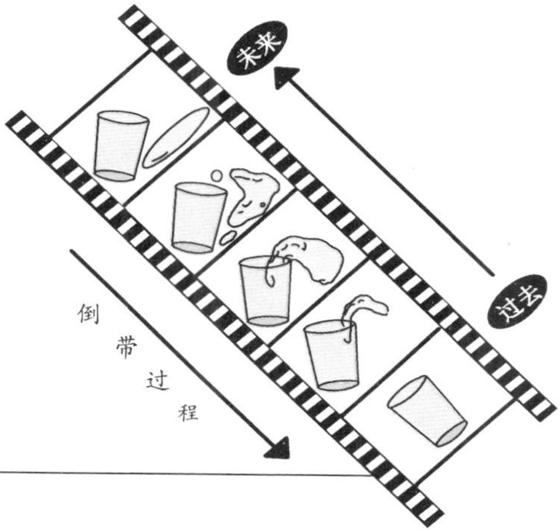

倒转的情形只可能在倒带的时候看到，在自然界是不存在的。

普遍的物理法则

时间是不会流动的

如果不是观察一杯水的运动，而是观察一个水分子的运动，就会发现，时间是不会流动的，也没有过去和未来的区别。

水分子的过去和未来

时间箭头的存在，在人们的日常生活中，并不是那么理所当然地就能看见，所以一旦面临要说明它的时候，就会变得相当棘手。

实际上，从某个意义来说，人们会看到时间是不会流动的，那是由物理学领域中的大部分法则决定的。从时间上来说，是无法区分过去和未来的。就比如上节所举的杯中之水的例子，假如我们注重的不是一杯水，而只是一个水分子，并将该水分子的运动录下来，再把它的录影带倒着来看。

这样一来就会发现，水分子由地板跃入杯中的映像，而且看见了该映像的人，若把它解释成分子的运动，就不会觉得有违常理，或者感到不协调了。

无法区分过去和未来的物理法则

在物理世界的运动法则中，如果某一运动被许可的话，它的反运动也是被许可的。所以，从杯中之水满溢的现象中可以发现，如果只是取出其中一个分子来观察，那么运动方向中过去和未来的区别就会不存在。物理学领域中不只是运动的法则，还有电气与磁气的法则、重力的法则，几乎全部的物理法则，都是无法区分过去和未来的。

现在，唯一可以区分过去和未来的法则，就只有关于某种特别的分子的法则而已，不过它与以上的法则并无关联。由以上这些基本的物理法则，可以推导出时间是不会流动的结论。

从现实生活来看，这个结论明显是错误的。可是从另一方面来说，许多实验证明的物理法则的正确性又是毋庸置疑的。

没有过去未来的水分子

在某些时候，人们无法区分过去和未来，如同物理学领域的许多法则。例如，在上节所举的杯中之水的例子中，如果我们把关注点从一杯水转移到一滴水中的一个水分子，那么情形就会有所改变了。

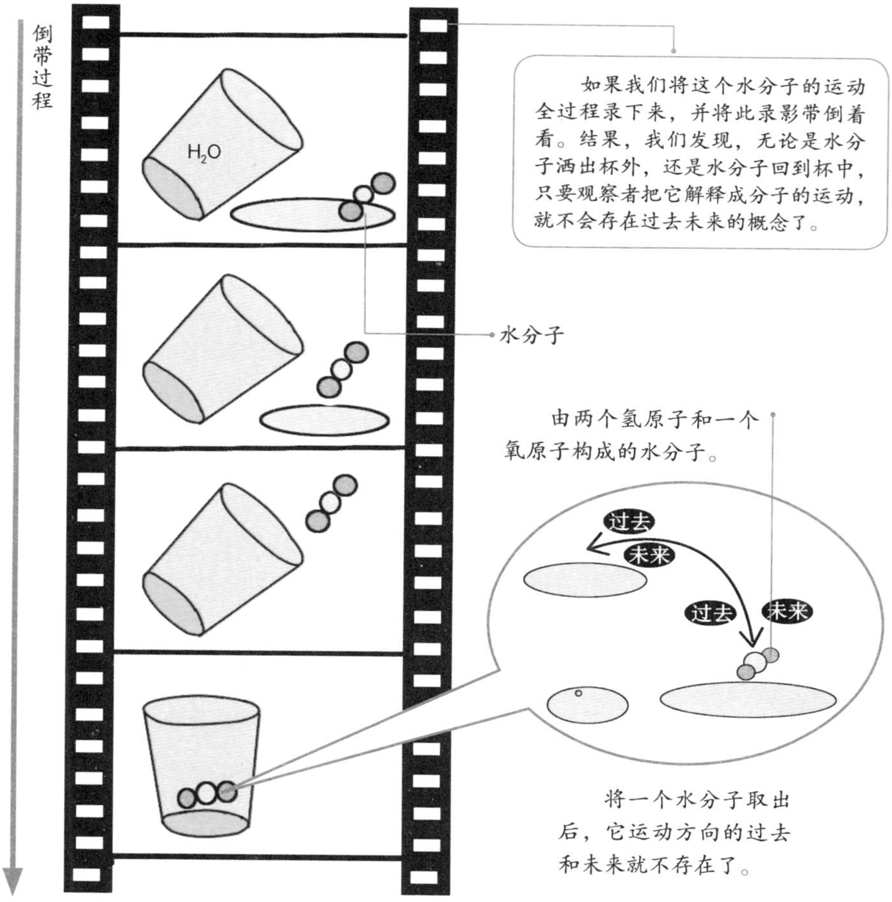

倒带过程
H_2O
如果我们将这个水分子的运动全过程录下来，并将此录影带倒着看。结果，我们发现，无论是水分子洒出杯外，还是水分子回到杯中，只要观察者把它解释成分子的运动，就不会存在过去未来的概念了。
水分子
由两个氢原子和一个氧原子构成的水分子。
过去
未来
过去
未来
将一个水分子取出后，它运动方向的过去和未来就不存在了。

相关链接

分子运动论，分子运动论是从物质的微观结构出发来阐述热现象规律的理论。主要内容包括：①所有物体都是由大量分子组成的，分子之间有空隙；②分子永远处于不停息和无规则运动状态，即热运动；③分子间存在着相互作用着的引力和斥力。

硬币实验

一枚硬币的过去和未来

通过 1 枚硬币和 10 枚硬币的实验，可以看出过去和未来有时是可以区别的，有时是不可以区别的。

一个粒子与无数粒子

在现实生活中所发生的现象里，总是有着无数的粒子参与其中。比如，一公斤的水里含有不可计数的水分子，虽然一个粒子的运动没有过去和未来的区别，但是在无数的粒子参与的情况下，就会发现过去和未来的区别。

1 枚硬币的实验

为了说明上面的问题，可以举一个比较形象的例子，就是将一枚硬币放置在桌子上，连续性地敲打桌面，直到使硬币翻转过来。那么即使是将此硬币运动录影后倒带来看的话，与原本的映像之间还是无法区分。如果认为敲打桌面是人为的机械性动作，那么就这枚硬币的运动而言，可以说是没有过去和未来之别的。

10 枚硬币的实验

通过 1 枚硬币不能区别过去和未来，现在将 10 枚硬币并排，并且重复同样的运动。开始时，先将正面并排，这时一旦开始敲打桌面，10 枚硬币总会有几枚会翻转过来。如果就这样一直持续敲打到最后，其结果大概是平均大约有 5 枚是正面的，剩下的五枚是反面的。或许有时会是 4 枚对 6 枚之分，不过总体上是 5 枚对 5 枚的。如果将上面 10 枚硬币的运动过程录下来，也将其倒带来看的话，就会出现最初时正面 5 枚、反面 5 枚的硬币，到了最后却逐渐变成全部是正面并排的映像。

当然，也不能说像这种事绝不可能会发生在实际生活中，不过，因为这种情形是非常罕见的，所以才会觉得不可思议。硬币数目愈多的话，全部呈正面并排的情形就愈不可能发生。这样想来的话，从发生某运动而言，就可以理解其相反的运动未必会实现。从多数的硬币运动来看，出现了方向性，也就逐渐能够区分过去和未来。

一枚硬币的过去和未来

将一枚硬币放置在桌子上，连续性地敲打桌面，直到使硬币翻转过来。

如果将硬币运动的过程记录下来然后倒带来看，就会发现和之前的情况没有什么差别，所以说这枚硬币没有过去和未来之分。

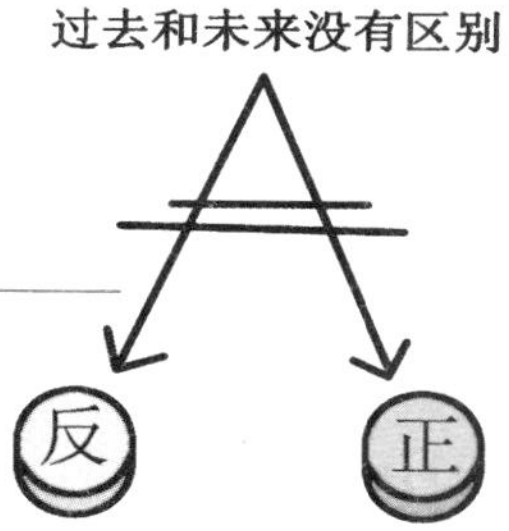

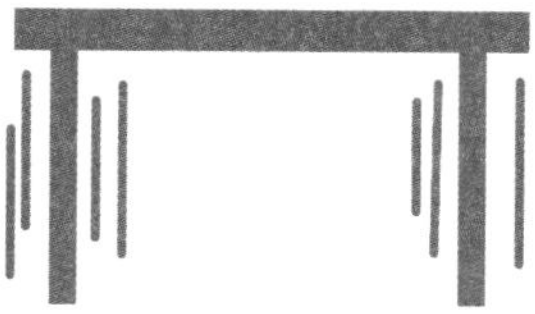

10 枚硬币的过去未来

1 枚硬币的运动过程不能区分过去和未来，现在将 10 枚硬币并排，重复同样的运动。

首先，将 10 枚正面并排。

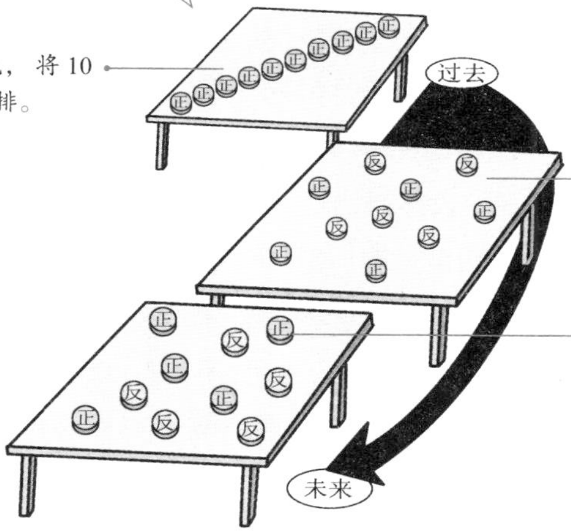

接着，开始敲打桌面，10 枚硬币中的几枚会翻转过来。

然后持续敲打，最后的结果大约是 5 枚是正面的，5 枚是反面的。或许有时会是 4 枚对 6 枚之分，不过总体上是 5 枚对 5 枚的。

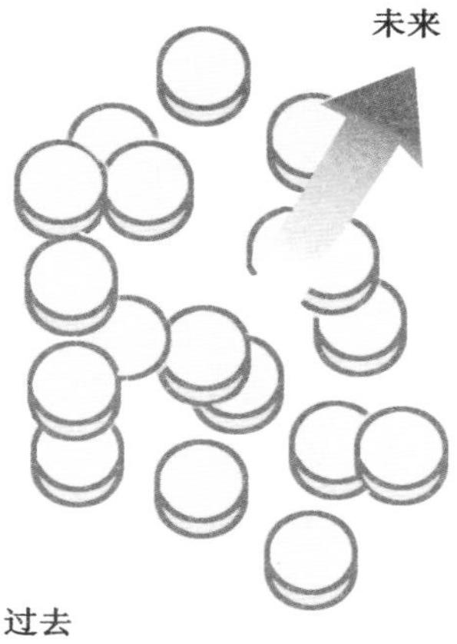

结论

如果将 10 枚硬币的运动过程录下来，倒带来看，就会出现最初是 5 枚正面、5 枚反面的情况，到最后却变成全部正面的情况。然而，在生活中这种情形是非常罕见的，而且硬币数目越多，全部呈正面的情形就越不可能发生。因此，多数硬币的运动出现了方向性，所以能够区分过去和未来。

时间本质

过去和未来的区分是几率性的

通过分析硬币实验的几率问题，发现时间是一种可能性的流逝，这就有可能使时间从未来回到过去。

硬币实验对几率的估计

通过硬币实验，可以了解时间箭头的本质。下面就具体分析一下，10枚硬币全部呈正面状态的几率数目只有一种，而呈现其他状态的几率却不只有一种，而是有很多种。比如，出现9枚正面和1枚反面的几率数目。如果10枚之中不论哪一枚硬币是反面的都可以，那么总共就有10种。出现8枚正面和2枚反面的几率的数目，如果10枚之中不论哪2枚是反面都可以，那么总共有45种。

如果照此继续思考下去，几率数目最多的是呈现5枚正面和5枚反面的状态，总共有252种。这种情况并没有什么特殊的道理，只不过是意味着比起全部都完全是正面的状态，5枚正面和5枚反面的情况拥有了252倍的最高可能性。由此可以看出，虽然在一个硬币的运动中，过去和未来并没有区别，但是从更多的硬币来观察，是非常有可能倾向于可能性高的状态，也就是几率数目较大的状态。这并不表示它绝不会倾向相反的方向，只是几率比较小罢了。像这一类的运动也并没有因为自然而被禁止，这只是因为几率较小的缘故而已。

回到过去的几率

硬币实验中出现运动的方向性，是因为将几率考虑进去而产生的。那么，就可以说，运动所导致的过去和未来的区分是几率性的，由未来回归过去的运动，虽然几率小却是可能的。对于看见那种运动的人来说，就会觉得时间是由未来回溯到过去的。就现在的情况来说，成为处理对象的粒子像，也就成了无数的，这对认为回归过去的运动所自然产生的几率几乎为零是没有妨碍的。然而，在无法完全断言为零的情况下，也不能说没有时间机器产生的可能性。

硬币实验对几率的估计

以下是硬币实验各种情况出现的次数。其中，十枚硬币全部呈正面的情形只出现过一次。但呈现其他状态的次数却不止一种。

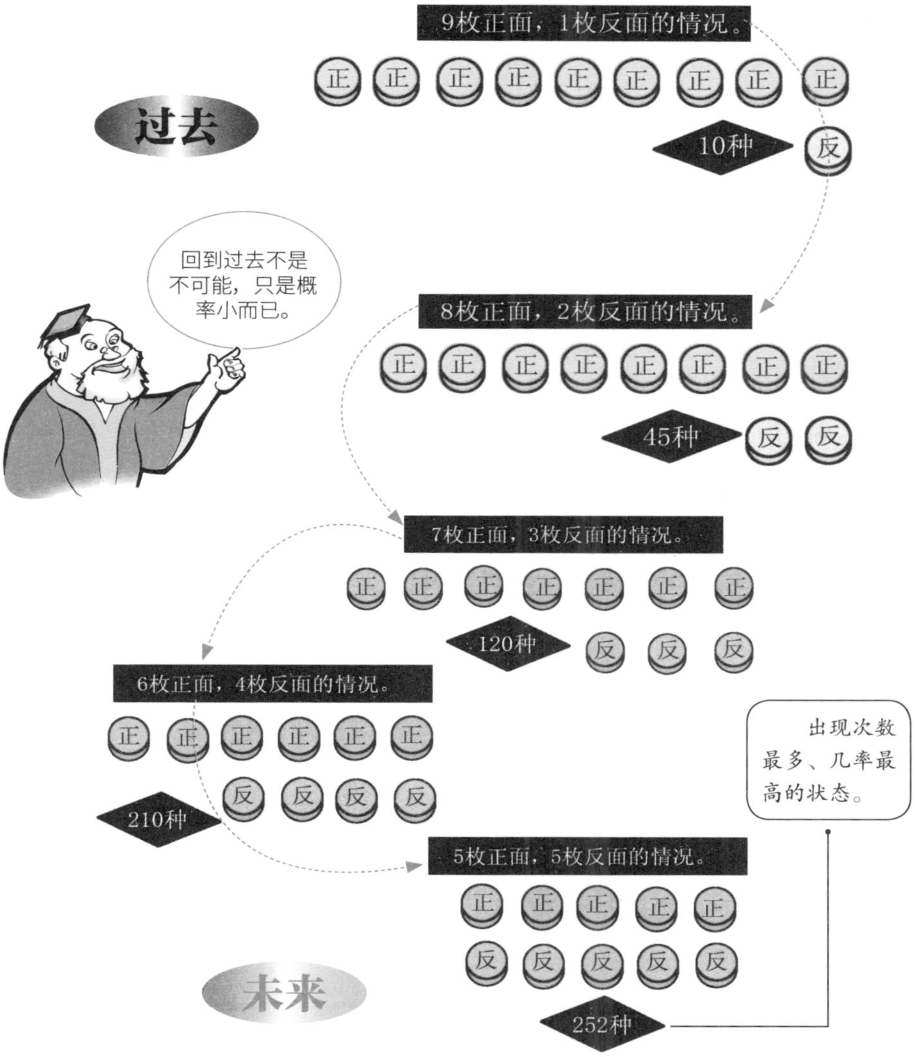
9枚正面，1枚反面的情况。
过去
10种
回到过去不是不可能，只是概率小而已。
8枚正面，2枚反面的情况。
45种
7枚正面，3枚反面的情况。
120种
6枚正面，4枚反面的情况。
210种
出现次数最多、几率最高的状态。
5枚正面，5枚反面的情况。
未来
252种

实验结论 从对多数硬币的观察来说，非常有可能出现可能性高的状态，即几率数较大的状态。但是，这并不表示它不会倾向于相反的方向，只是发生的几率比较小而已。

不同的时间箭头

宇宙论的时间箭头

物理学中，普通熵的增大方向就意味着时间由过去流向未来。但事实则是，仅凭借光拥有熵增大的法则不可能决定时间的方向，不过，这可以决定其他时间的方向。

光波的传导从来不会逆转

举例来说，光的传播看起来是从过去传向未来绝对不会发生逆行的现象。光属于电磁波的一种，即使把波扩展到一般情况来考虑的话，仍然可以确定光就是波的一种。就波的传导方向而言，是可以区别时间的过去和未来的性质的。

现在，请你回想一下之前观察杯中溢出来的水分子的情形。

大部分的物理法则都无法去区别过去和未来，就算是描述波的物理法则也没有办法区别过去和未来。如此一来，即使是从未来向过去传导的波，在方程式上也不会有什么令人不解的地方。

假如电波也是那种波的话，通过使用它，明天的新闻今天就可以知道了。不过在现实生活中是从来没有人听过明天的新闻的，这是绝对不可能发生的。

时间箭头与熵增大的方向

在此暂时省略详细的说明。曾有一种观点认为，波所决定的时间的方向，是由熵所决定的。这样一来，波和熵两者的方向相同是很正常的。虽然也有人认为这两者的方向是没有关联的。不过本书中较为认同前者的立场，认为我们所觉察到的时间的流动是依据熵的增大而决定的。

另外，在我们人类完全无法干涉的地方，也有时间箭头的存在。而且在本书的前文中也说明了，宇宙即使到了现在也是在继续膨胀着的。如果以宇宙膨胀的方向来定义时间箭头，而且宇宙永远持续膨胀，那么这个方向是永远不会改变的。

宇宙论和时间箭头

然而，假如宇宙是封闭的，而且在某一天会突然由膨胀的状态转变为收缩的状态，那么时间箭头也就会从那一时刻开始，突然之间发生逆转了。像这种根据宇宙膨胀而决定的时间箭头，就称为宇宙论的时间箭头。

这个宇宙论的时间箭头，乍看上去可能让人们觉得似乎和周围切身体验的热力学的时间箭头没有什么太大的关系。所谓全体宇宙这类大规模的运动必然会影响我们周围所发生的事情，而且其结果是令人难以置信和估计的。但是，这两者之间在方向上确实存在着非常紧密的联系。

宇宙的边界条件

玻尔兹曼为我们解释了时间只朝一个方向发展的原因。他认为，熵是从起点开始增加的。人们预计中的逆转过程是不会发生的，这是由于宇宙正处于一种不可能的状态，没有办法使它增加。

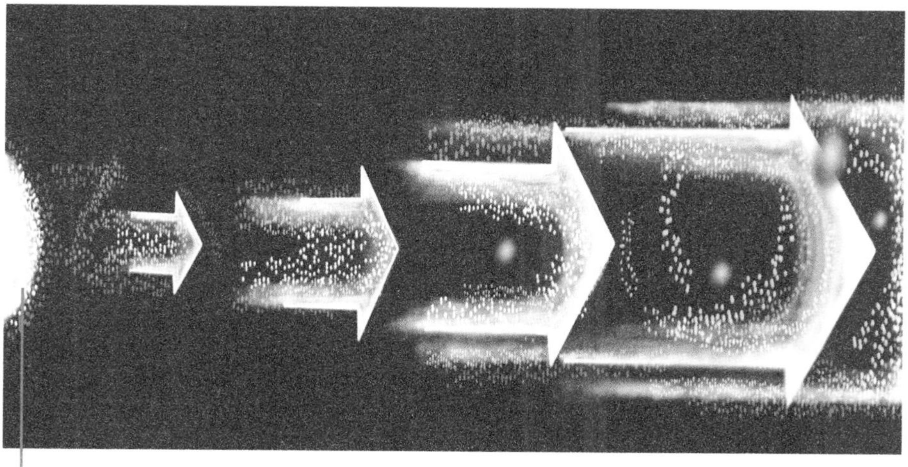

宇宙源于一个巨大的不可能发生的原始状态。

宇宙不是某个年代久远的宇宙中的某个估计的点，而只是在短时间内可以观察的宇宙。

探索时间箭头的关键

熵从低状态迈向高状态

热力学的时间箭头的情况是这样的：如果要使时间从过去流向未来，就必须在最初的时候准备好低状态的熵。

我们再以硬币为例来说明这个问题。开始时，全部的硬币都是正面朝上的，可以把它当作低状态的熵；接着，因为状态的改变才产生了不同的方向性。假如最初时是从一半硬币是正面的高状态的熵开始，那么，就会一直维持一半是正面的状态，什么变化都不会发生。熵从低状态的过去迈向高状态的未来，时间也是这样流逝的。

一些低状态熵的例子

因此，阐明最初时为什么要事先准备好低状态熵的原因，恰恰可以说是探索时间箭头的关键所在。在日常生活中，我们也可以举出一些低状态熵的例子，比如由黏土制造的茶碗，或者是烧开水等等。茶碗和开水都可以说是低状态的熵的实例。现在，试想一下为什么黏土可以制成茶碗，水可以加热沸腾的原因。那是因为有烧黏土的炭及加热水的瓦斯等能源。即使是使用电气，也同样具有能够发电的石油或者铀等能源。这些能源在被燃烧以前，熵都是处于非常低的状态下的。即便如此，虽然那些都是可以燃烧的能源，却无法由燃烧剩下的渣滓自然而然地再次燃烧起来。简言之，必须先准备好类似这种低状态的熵的能源，我们才可以使用它们制造出高状态的熵。而且，这些低状态的熵的能源，同时还可以进一步被利用作为高熵状态的能源。比如说，类似石油的化石燃料，是利用过去的植物作为太阳能源的这种低熵能源来制造的。至于像这样低熵的原因，当然是会朝向过去的低熵而逐渐追溯回去。它的目的地就是宇宙创始时的状态。

如果上面的说法成立的话，就可以得出下面的结果：假设宇宙创始时，熵处于较大的状态，低熵状态就绝不会实现，热力学的时间箭头也不会出现了。

黑洞中的熵

提到黑洞，就想起它被视界的地平面所包围住的时空领域。一旦落入了事象的地平面，无论如何努力，最后都无法再回到外面的世界。这也可以解释成一旦进入了黑洞，就永远失去与外面世界的联系了。因此，我们也可以想成黑洞中塞满了许多我们原理上所不知道的信息。如此一来，我们也可以认为，就某些方面来说，黑洞中具备着熵的存在。由于我们可以期待在越大的黑洞中将聚集越多未知的信息，所以熵也可以说是愈大的了。

根据更详细的研究可以得知，黑洞的熵是与包围它们的事象地平面的表面积成一定比例的。因此，在时空中普遍存在的黑洞中，参差不齐的黑洞中可能有较高的熵存在。由此看来，一般普通的关系并不清楚；不过，我们可以认为重力场的熵肯定会比参差不齐的时空之熵要更高。然而，就观测宇宙背景辐射而言，宇宙创始时并非参差不齐，而是均等的。由此可见，宇宙可以说是从熵处于低状态时开始的。

低状态熵与宇宙创始

现在以日常生活中一些例子来说明低状态熵。

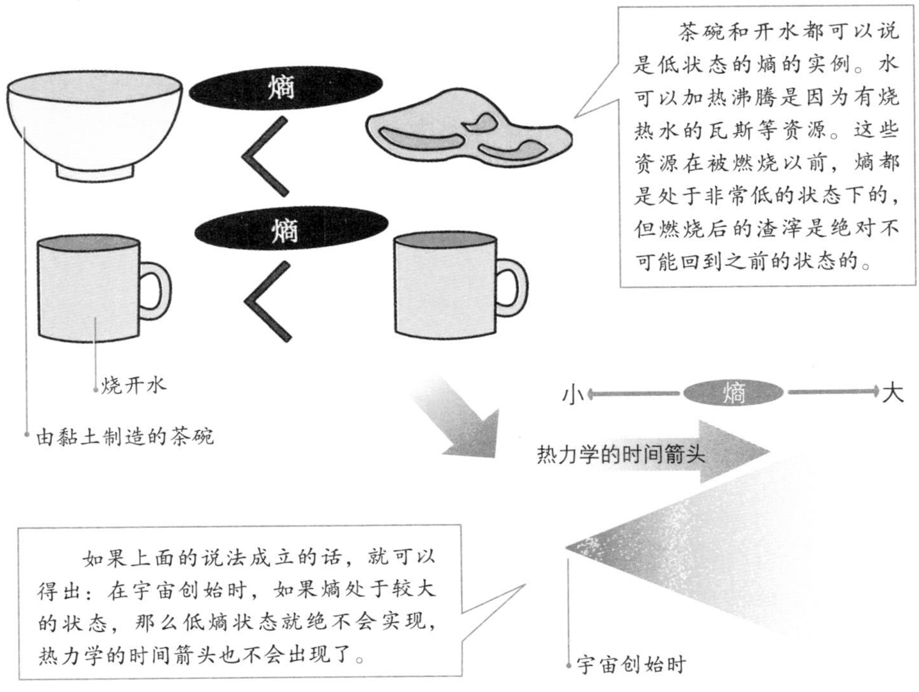
茶碗和开水都可以说是低状态的熵的实例。水可以加热沸腾是因为有烧热水的瓦斯等资源。这些资源在被燃烧以前，熵都是处于非常低的状态下的，但燃烧后的渣滓是绝对不可能回到之前的状态的。
熵
熵
烧开水
由黏土制造的茶碗
小
熵
大
热力学的时间箭头
如果上面的说法成立的话，就可以得出：在宇宙创始时，如果熵处于较大的状态，那么低熵状态就绝不会实现，热力学的时间箭头也不会出现了。
宇宙创始时

宇宙创始状态

宇宙膨胀与收缩

宇宙创始时，可以说是处于极低的熵状态，那才是我们周围时间箭头存在的根本原因。这也是本书的立场，将这种立场称为时间箭头的宇宙论学派。然而，为什么宇宙创始时处于低熵状态呢？

就宇宙创始时处于低熵状态来说，是因为发生了宇宙由于膨胀而“收缩”的现象。

箱子里的熵的状态

假设现在一个封闭的箱子里，制造出熵的最大状态。如果箱子的大小不改变的话，熵就会一直停留在原来的状态。由于熵的最大状态是根据箱子的大小而改变的，所以产生了很多不同的细微过程，朝向新的熵的最大状态而使状态不断发生变化。其实，问题就出在膨胀的速度上。膨胀的速度与微小过程发生的速度相比，可以说非常缓慢。如此一来，由于使状态发生变化的时间非常充裕，所以才能够实现熵常保持的最大状态。由于没有足够的时间可以产生细微的过程，所以无法实现熵的最大状态，而是出现维持低熵的状态。正如前面已经叙述过的，宇宙正在进行减速膨胀。也就是说，在宇宙创始时膨胀速度最快，熵无法达到最大状态而逐渐地“落后”，于是才产生了低熵状态。

宇宙创始时的元素合成现象

举例来说，宇宙创始时发生了元素合成现象。如果宇宙没有高速膨胀，那么元素合成将逐渐形成，甚至连最安定的铁元素也会被制成。然而，由于急速的宇宙膨胀而使得元素合成反应“落后”了，即使已经制造了氦等较轻的元素，那么元素合成结束后，宇宙也不过才留下氢和氦等元素而已。由于太阳几乎大部分是由氢元素组成的，所以如果在宇宙初期时，连铁也被合成了的话，那么，太阳也就无法形成。现在宇宙中存在的恒星，比如太阳，如果追本溯源，应该都是由于宇宙初期所发生的“落后”（或收缩）所造成。所以，“落后”也并非完全都是不好的。

箱子里的熵的状态

假设现在在一个封闭的箱子里制造出熵的最大状态。熵的最大状态由箱子的大小决定，因此箱子膨胀的速度决定熵的状态。

缓慢地膨胀

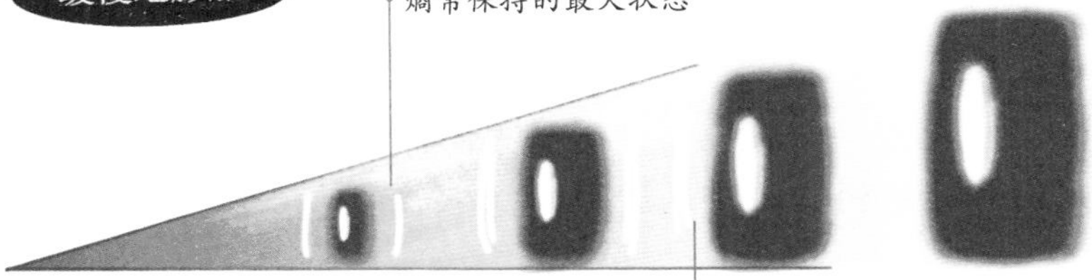
熵常保持的最大状态
非常缓慢的膨胀速度会使状态发生变化的时间非常充裕，所以能够实现熵常保持的最大状态。

急骤地膨胀

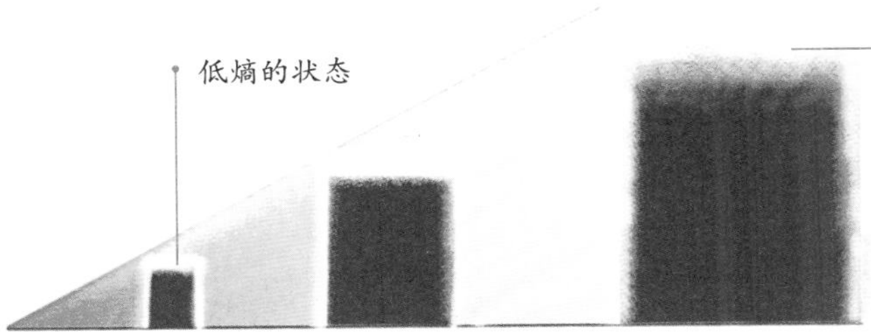
低熵的状态
如果箱子急速地膨胀，那么没有足够的时间可以产生细微的过程，从而无法实现熵的最大状态，而是出现维持低熵的状态。

结论

如果宇宙正在进行减速膨胀，或者它过去的膨胀速度比较快，即在宇宙创始时膨胀速度最快，那么熵就无法达到最大状态，而产生了低熵状态。

举例来说，在宇宙创始时发生元素合成的现象时，如果急速的宇宙膨胀使得元素合成反应“落后”了，即形成了氦等较轻的元素，那么在元素合成结束后，宇宙就只留下水的构成元素和氦了。

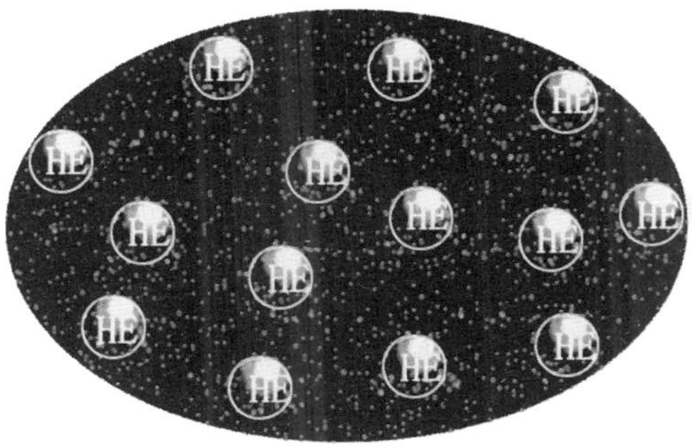
HE

8

进化的起源

宇宙的起点

一提到进化，人们就会想起生物的进化。而宇宙随着膨胀而造成的收缩或“落后”，也都可以认为是进化的原因。

进化的原因

由于生物的进化是极其复杂的，并不像这里所说的进化那么极端单纯化，所以我们暂时先将某系统的进化当成是由单纯构造迈向复杂构造的变化吧。社会的进化也差不多是这样，只是有时候也会发生退化的情形。

至于究竟是什么东西导致进化一说能够广泛流行，应该是源于太阳的存在。事实上，太阳的存在以及在其内部物质的燃烧，释放能源，闪闪发光等，都是从宇宙创始时有了“落后”（收缩）之后才开始的。由此可以看出，“落后”（收缩）正是进化的真正原因。我们地球上所有的生物体都是利用太阳的能源才产生进化的。

冰箱的原理

现在，假设要从单纯的进化变成复杂的进化的方面考虑。乍看之下，与熵增大的法则似乎互相矛盾。因为就普遍的情况来说，单纯的熵怎么可能远远高于复杂一方的熵呢？然而，就前文中装有熵的箱子以不同速度膨胀的例子来说，熵增大的法则成立的前提在于不受外界的影响。如果接受了外来能源，那么熵很有可能会降低。比如说，冰箱能够使其内部温度比周围的大气温度低，并使水结成冰。

一般来说，大气的温度如果在0℃以上的话，水就不会结成冰。这就是熵减少的过程所导致的结果。但是，由于冰箱从外界接受了电能，就可以使内部的熵减少了。

对太阳能的利用

进化的情况也是同样的。我们可以想象通过利用太阳的能源来减少自己的熵。因此，来自太阳的能源就必须要流到宇宙空间中去，从而也就必须减少熵，并以热量这种形式发散到外界去。而冰箱内部之所以会越来越冷，也正是因为内部的熵正在以热量的形式发散。现在的重点在于，由于宇宙膨胀，使得充满空间的辐射的温度逐渐下降。

现在的宇宙背景辐射的温度是 -270℃，由于已经远远低于地球或太阳，所以热量才能够流向宇宙空间。更进一步说，由于空间正在膨胀，就像箱子的容积越大，熵可以舍弃的场所也就越宽裕。

总而言之，这类进化的原因归根到底是由宇宙初期的“落后”和宇宙膨胀所造成的低温所致。

熵增原理分析

熵定律

克劳修斯把熵增原理描述为：热量不能自动从低温物体传向高温物体，但不等同于通过外界做功使热量从低温物体传到高温物体。

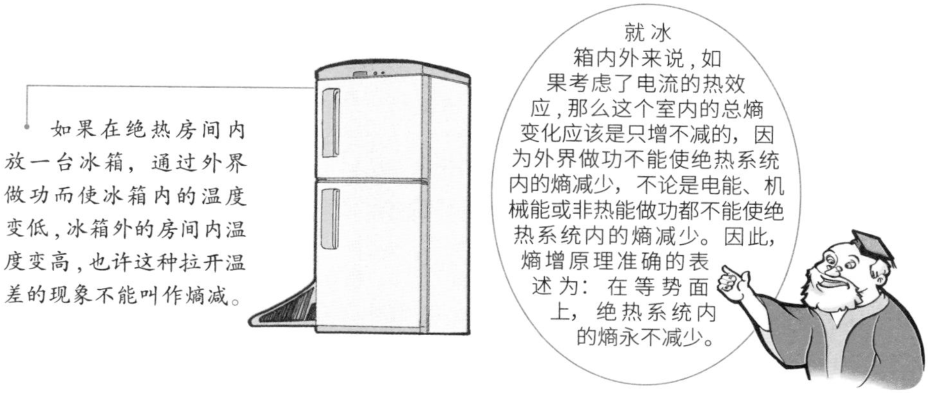

如果在绝热房间内放一台冰箱，通过外界做功而使冰箱内的温度变低，冰箱外的房间内温度变高，也许这种拉开温差的现象不能叫作熵减。
就冰箱内外来说，如果考虑了电流的热效应，那么这个室内的总熵变化应该是只增不减的，因为外界做功不能使绝热系统内的熵减少，不论是电能、机械能或非热能做功都不能使绝热系统内的熵减少。因此，熵增原理准确的表述为：在等势面上，绝热系统内的熵永不减少。

相 关 链 接

熵增原理 爱因斯坦认为，熵定律是科学定律之最。熵增原理反映了非热能与热能之间转换的方向性，即非热能转变为热能效率可以 100%，而热能转变成非热能时效率却小于 100%。在重力场中，热流方向由体系的势焓（势能＋焓）差决定，即热量自动地从高势焓区传导至低势焓区，当出现高势焓区低温和低势焓区高温时，热量自动地从低温区传导至高温区，并且不需要付出其他代价的绝对熵减过程。熵所描述的能量转化规律比能量守恒定律更重要。通俗地讲，熵定律决定着发展方向，能量守恒定律决定平衡，因此，熵定律是自然界的最高定律。

真的可能吗

时间机器与时间吊诡

当宇宙从膨胀转变为收缩时，时间开始逆流，时间流逝的方向正是宇宙膨胀的方向。霍金这个大胆的观点在当时引起极大轰动，虽然到后来被否定了。

时间逆流

霍金有一段时期曾认为，当封闭的宇宙从膨胀转变为收缩时，时间就会开始逆流。初期，他为了论证宇宙诞生的观点而从事的量子宇宙论研究，即将宇宙全体视为量子力学的存在。这也许是个让人难以接受的想法。不过，霍金主张，从将时间视为虚数的角度出发，就可以顺利地解释宇宙创始了。因此，依照这种想法，再试着调查宇宙的某些简单典型的话，就能够得到让人意想不到的结论了。

结论是，在测量宇宙的大小时，大的方向就是宇宙膨胀的方向，即无序度逐渐增加的方向。这种无序程度的增大可以被视为熵的增大。霍金根据这一理论，认为宇宙膨胀的方向就是时间流逝的方向。

后来，由于更仔细和缜密的研究使霍金的这种观点被驳回了，而且认为他的这一观点乍看之下甚至有点蠢。但是就理论的可能性而言，能够提出如此大胆的主张或许正是霍金的真本事。因为在霍金的成就中，最著名的就是黑洞的蒸发——虽然最初提出时也没有得到任何人的相信。

时间机器可能吗

时间机器这个名词最初出现在科幻作家威尔斯 1895 年的小说《时间机器》之中。当时，威尔斯已经将时间当作四次元来处理了，这是远远早于爱因斯坦的。许多人之所以关心时间机器，是因为希望重返过去或到达未来，这本来就是人类的愿望。同时，时间是如此的不可思议、神秘莫测，从而人们都希望能借助时间机器亲身体验一番。

然而，如果时间机器真的存在的话，就会产生名为“时间吊诡”的逻辑上的矛盾。举个例子来说，如果回到自己出生之前，将过去自己的母亲杀死的话，自己理应就不存在了。诸如这一类问题就会产生了。这样的话，就会出现很多干涉过去且反过来影响现在，或者是取得未来的信息用以决定现在的事情。因此改变未来这一类的事情就会层出不穷。

而且，考虑到时光旅行这类问题时，如果仅仅追求去往未来而不再回到现在的话，我想那应该很快就有实现的可能。比如说，通过人工冬眠而到达未来的日子，不久就将到来。然而，当你一觉醒过来，周围却没有半个认识的朋友，再加上没有人愿意接纳你，你肯定会感到孤独而且悔恨不已吧！可是，你已经无法再回到原点了。所以，能够追溯时间，并且回到过去，可以说是想要发明时间机器的重要原因之一吧。

在物理学中，时间机器从一开始就是被否定的。这一切是原因也是结果。因为原因必然是结果的过去，而这种因果关系正是自然科学的大前提。例如，假如一开始没有你父母亲存在的过去，当然也不会有现在的你的存在。这和电影《回到未来》的情况是一样的。

然而，最近关于时间机器的正式研究，却似乎开始在学界杂志上喧嚣起来。它的理由当然是因为时间机器本身的魅力，而且借着追求时间机器的可能性，得以更深入地理解时空、宇宙的性质。

时间吊诡

如果真的存在时间机器，那么人们就会遇到“时间吊诡”的逻辑上的矛盾。如果人们通过“时间机器”回到过去的话，那么必然会做出很多干涉过去并影响现在的事，或者是取得未来的信息用来决定现在的行动的事情。因此改变未来这一类的事情就会层出不穷。

现在
过去
因果律
举例来说，如果回到自己出生之前，将过去自己的母亲杀死的话，自己理应就不存在了。所以任何人都无法跨越因果律的逻辑回到过去。

10

封闭的时间轴

时间的特质

如前文所述，在广义相对论中，时空被认为是因物质而扭曲的。这样的话，如果我们将空间扭曲，真的可以制造封闭空间吗?

举例来讲，将空间扭曲，就可以制造出封闭的空间。这正如同二次元情况中的球面。球面上，无论从哪里出发，只要笔直地行进，都会回到原来的地方。同样，如果时间也是封闭的话，是不是就无法使时空扭曲呢?

封闭的时间轴

假如这一切成立的话，一旦朝未来行进，就会不知不觉回到过去，重返到原来的时间了。由于时间是一次元，所以可以把它想象成类似封闭的轮轴。时间沿着轮子流逝。好不容易绕着轮子转一圈，才能回到原来的起点。这种时间方向封闭的轮，称为封闭的时间轴。

制造时间机器时，只要在时空里制作封闭的时间轴就可以了。事实上，类似这种封闭的时间轴，是非常普遍的。在广义相对论的基本方程式——爱因斯坦方程式中，有许多解答已经被发现，其中就有关于封闭的时间轴的解答。

非现实的时空

在封闭的时间轴中，有一个是葛德尔宇宙。它是一种类似于在某个中心的周围、宇宙全体旋转的模型，在它远离中心的某个领域，会发生封闭的时间轴。同时，还有一种名为反朵·吉塔的时空，它的时间是有限的，就像画出的圆圈一样是封闭着的。

就像这样封闭着的时间轴、宇宙或时空，以前作为爱因斯坦方程式的解答，现在变得广为人知了。不过，因为这些解答是非现实的，所以大多数都被抛弃了。另外，还有人认为，如果真有那样的宇宙存在，那么过去和未来的时空就会被混合了，从而这个世界就无法形成生命。因为那样认为的话，我们则认为他们怀有轻视和不严谨的态度，即处于人类推理的立场。简单来说，就是如果宇宙中没有像人类一样知性的生命存在，那么宇宙也和不存在一样了。

开放时间和封闭时间

封闭的时间轴

我们用封闭的空间来类比封闭的时间轴。

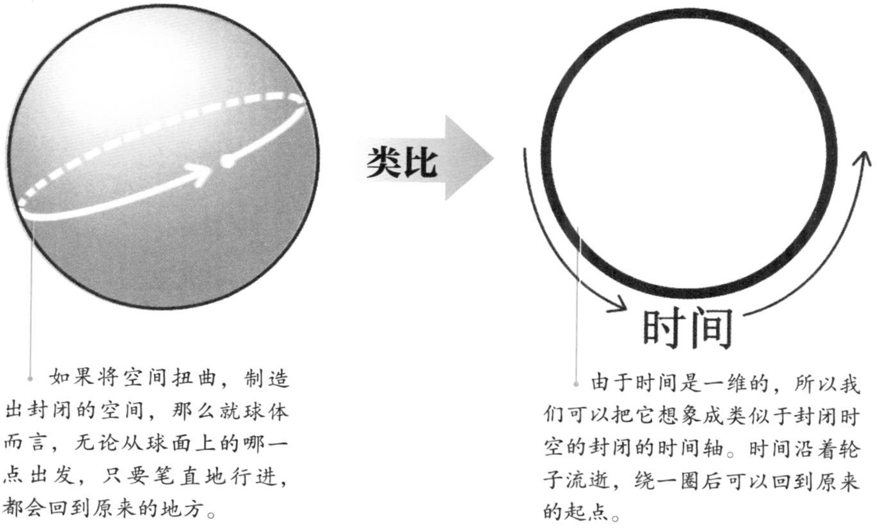
类比
时间
如果将空间扭曲，制造出封闭的空间，那么就球体而言，无论从球面上的哪一点出发，只要笔直地行进，都会回到原来的地方。
由于时间是一维的，所以我们可以把它想象成类似于封闭时空的封闭的时间轴。时间沿着轮子流逝，绕一圈后可以回到原来的起点。

非现实的时空

这是反朵·吉塔时空。在这个时空里，它的时间是有限的，就像封闭的圆圈。

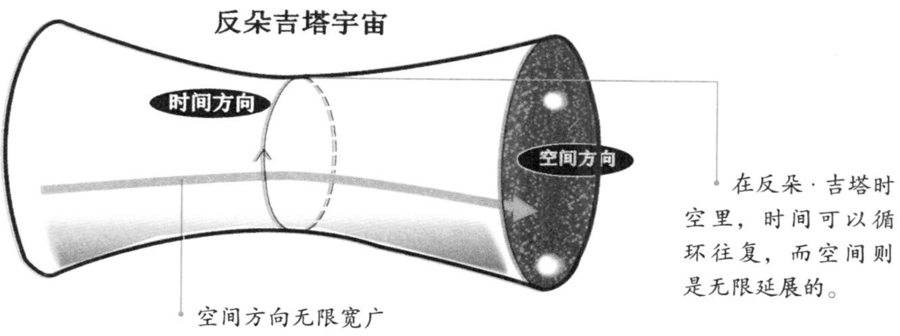
反朵吉塔宇宙
时间方向
空间方向
在反朵·吉塔时空里，时间可以循环往复，而空间则是无限延展的。
空间方向无限宽广

相关链接

封闭时间和开放时间 一般来说，时间可以分为线性的开放时间和循环型的封闭时间。对于封闭的时间而言，瞬间意味着时间是循环的；对于开放的时间而言，瞬间意味着时间是线性的。

11

旋转黑洞
宇宙中的时间隧道

旋转中的黑洞会出现两个地平面。而且，一旦飞进外侧的地平面，也必然会落入内部的地平面中。

虽然内部的地平面中存在着奇点，但是这也是由于离心力的原因，才导致它不是点状而是轮状。由于在内部地平面之中，重力与离心力取得平衡而且影响力不大，所以未必不会产生和奇点发生碰撞的情形，而且可以做运动。但是不管怎样，仍然无法逃到内部地平面的外面。如此一来的话，刚才说的做运动，又在往哪里做的呢?

从一个宇宙到另一个宇宙

现在发生了不可思议的现象，也就是地平面的性质突然发生了改变。换句话说，就是在此之前原本是吸入的一方，现在摇身一变成为了吐出的一方。这也正是朝内射出的光看起来是停在这个场所内的原因。即使是以光速朝内行进，却也只能停留在那儿，因为已经耗尽最大的努力而枯竭了。

这样的话，也就是原本是在内部地平面中的人，却突然被抛到内部地平面之外，接着又到了外部地平面之外。可是，到达的世界却不是原来的宇宙，而是其他的宇宙。旋转中的黑洞正是通往其他宇宙的捷径，也可以说是时间隧道。

与黑洞相反的白洞

由广阔的地平面所包围起来的领域，因为具有与黑洞完全相反的性质，所以被称为白洞。其他的宇宙中也存在着旋转黑洞，一旦飞进那里，穿越时间隧道，就会跑到下面的宇宙。正是这种旋转着的黑洞，使得无数的宇宙彼此互相联系起来。

不过，这里需要事先声明一下，上述所说的都基于对旋转中黑洞的性质所作的数据调查。至于现实中旋转黑洞的这种情况是否属实，至今还不太清楚。

时间隧道的真实含义

旋转黑洞中的时间隧道

就旋转黑洞而言，如果原本是在内部地平面里面的人，突然被抛到内部地平面之外，又到了外部地平面之外，那么他到达的世界就不是原来的宇宙。

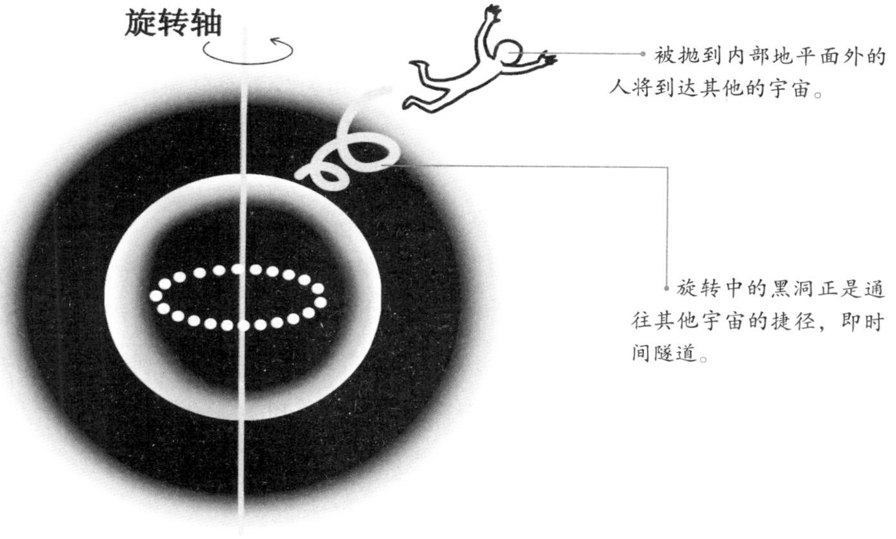

无限尺寸的圆柱

法兰克·蒂普勒设想了一种无限尺寸的圆柱，如果某天人们具有了中子星的能力，可以使这个圆柱无限大并旋转得飞快，那么人们就可以通过这个圆柱回到过去了。

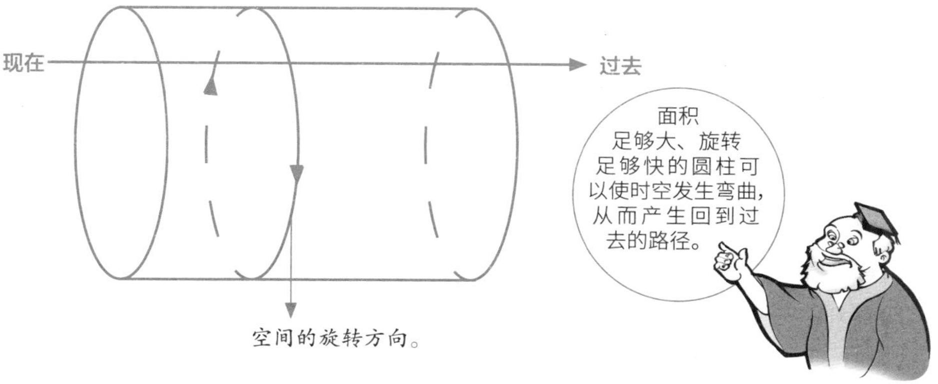

现在
过去
空间的旋转方向。
面积足够大、旋转足够快的圆柱可以使时空发生弯曲，从而产生回到过去的路径。

12

终极猜想

时间机器诞生秘闻

时间机器到底有没有可能实现呢？我们再一次提出了这个问题。遗憾的是，针对这个问题，还没有确定的答案。

虽然大部分的物理学者持有否定态度，不过同样明显的是，科学的进步并非是由以多胜少决定的。在这个时间机器是否可行受到热烈讨论的时期，存在着两种立场。

关于时间机器的两种立场

其中一种是，有某项我们尚且不知道的物理法则存在，这种法则能够区别时间的未来和过去。在这种立场中，自由穿梭未来与过去的时间机器，仅仅在原理上就是被禁止的。另外一种立场是，物理的法则并没有区别时间的未来和过去的作用。这种立场中，就原理而言，沟通过去和未来的时间机器是有可能的。从事研究时间机器的人，大都是站在第二个立场上。而我们的观点是，即使站在第二个立场，也仍然认为时间机器是不可能的。

明明微观法则并不区分时间的过去与未来，但是在微观现象中，却又出现了从过去朝向未来行进的时间箭头。那是由于在从微观法则转移到微观现象的时候，掺入了几率的议论而导致的。

正如使用反粒子的时间机器，无论怎么努力地去制造时间机器，要使构造单纯的事物做时间旅行很容易，然而换成复杂事物时就会变得非常困难。而且，在短时间内做时间旅行很容易，一旦换成长时间，不是仍然变得极其困难了吗？按照这样的想法，即使能够实现原理上的时间机器，也绝对无法实现实用中的时间机器。

时间机器诞生秘闻

时间机器之所以成为物理学者讨论的热门的话题，是因为 1989 年美国相对论代表学者奇普 · 逊等人在学术杂志上发表了使用虫洞的时间机器的论文。美国有名的天文学者卡尔 · 萨根曾经出版过一本名叫《接触》的科幻小说，那本书后来非常畅销。书中写到，他在试着解读来自某个天体的电波信号时，发现那是一张设计图，图中绘着一种能够把相距几百光年空间上的两点做瞬间移动的装置。萨根借着这种装置，使虫洞正式登场了。然而，事实上使用虫洞及诸如此类宇宙物体所制造的装置是否有可能实现，书中也没有确切答案。萨根将自己小说的原稿送给奇普·逊过目。奇普·逊指出萨根所创的虫洞正是连结两个黑洞而“咬”的，所以左边的入口处会形成事象的地平面而无法穿越。于是，奇普·逊开始思考怎样才能制造出在入口处无法形成事象的地平面的虫洞。这也揭开了他迈向并推动时间机器论文发展的序幕。

终极猜想

穿过虫洞的时间机器

这是《接触》一书中描写的时间机器，它是一种能够把相距几百光年空间上的两点做瞬间移动的装置。萨根借着这种装置，利用虫洞来完成穿越时空的工程。

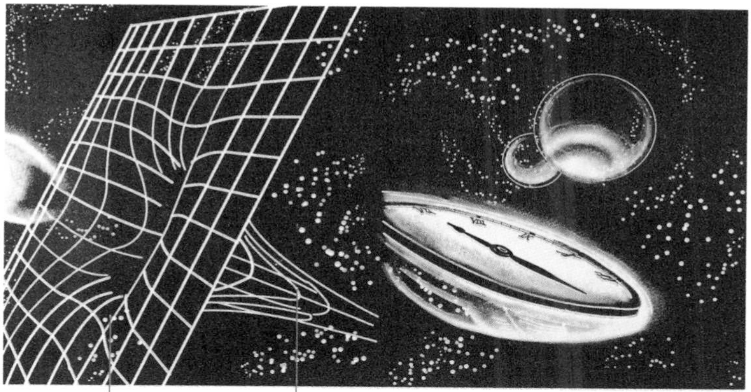

按照奇普·逊的观点，左边的入口处会形成事象的地平面而无法穿越。于是，奇普·逊开始思考怎样才能制造出在入口处无法形成事象的地平面的虫洞。

奇普·逊指出，萨根所创的虫洞正是由两个相连结的黑洞“咬”出来的。

按照这样的想法，也许能够实现原理上的时间机器，但是实用中的时间机器实现的概率却非常之低。